Teubner Studienbücher

Physik

Becher/Böhm/Joos: **Eichtheorien der starken und elektroschwachen Wechselwirkung**
2. Aufl. DM 39,80

Berry: **Kosmologie und Gravitation.** DM 26,80

Bopp: **Kerne, Hadronen und Elementarteilchen.** DM 34,–

Bourne/Kendall: **Vektoranalysis.** 2. Aufl. DM 28,80

Büttgenbach: **Mikromechanik.** DM 32,–

Carlsson/Pipes: **Hochleistungsfaserverbundwerkstoffe.** DM 28,80

Constantinescu: **Distributionen und ihre Anwendung in der Physik.** DM 23,80

Daniel: **Beschleuniger.** DM 28,80

Engelke: **Aufbau der Moleküle.** 2. Aufl. DM 44,–

Fischer/Kaul: **Mathematik für Physiker**
Band 1: Grundkurs. 2. Aufl. DM 48,–

Goetzberger/Wittwer: **Sonnenenergie.** 2. Aufl. DM 29,80

Gross/Runge: **Vielteilchentheorie.** DM 39,80

Großer: **Einführung in die Teilchenoptik.** DM 26,80

Großmann: **Mathematischer Einführungskurs für die Physik.**
6. Aufl. DM 36,80

Grotz/Klapdor: **Die schwache Wechselwirkung in Kern-, Teilchen- und Astrophysik.** DM 46,–

Heil/Kitzka: **Grundkurs Theoretische Mechanik.** DM 39,–

Henzler/Göpel: **Oberflächenphysik des Festkörpers.** DM 59,80

Heinloth: **Energie.** DM 42,–

Kamke/Krämer: **Physikalische Grundlagen der Maßeinheiten.** DM 26,80

Kleinknecht: **Detektoren für Teilchenstrahlung.** 3. Aufl. DM 32,–

Kneubühl: **Repetitorium der Physik.** 4. Aufl. DM 48,–

Kneubühl/Sigrist: **Laser.** 3. Aufl. DM 44,80

Kopitzki: **Einführung in die Festkörperphysik.** 2. Aufl. DM 44,–

Kunze: **Physikalische Meßmethoden.** DM 28,80

Lautz: **Elektromagnetische Felder.** 3. Aufl. DM 32,–

Lindner: **Drehimpulse in der Quantenmechanik.** DM 28,80

Lohrmann: **Einführung in die Elementarteilchenphysik.** 2. Aufl. DM 26,80

Lohrmann: **Hochenergiephysik.** 4. Aufl. DM 36,80

Mahnke/Schmelzer/Röpke: **Nichtlineare Phänomene und Selbstorganisation.** DM 27,80

B. G. Teubner Stuttgart

Meßdatenerfassung in der Kern- und Teilchenphysik

Von Dr. rer. nat. Burkhard Renk
Universität Mainz

 B.G.Teubner Stuttgart 1993

Dr. rer. nat. Burkhard Renk

Geboren 1954 in Gütersloh (Westfalen). Studium der Physik in Dortmund, Diplom 1979. Anschließend bis 1986 wissenschaftlicher Mitarbeiter an der Universität Dortmund, 1984 Promotion. Seit 1986 am Institut für Physik der Johannes Gutenberg Universität Mainz als Beauftragter für Datenverarbeitung. Seit 1979 Mitarbeit an mehreren Experimenten zur Teilchenphysik am CERN.

Die Deutschen Bibliothek – CIP-Einheitsaufnahme

Renk, Burkhard:
Messdatenerfassung in der Kern- und Teilchenphysik / Burkhard Renk. – Stuttgart : Teubner, 1993
(Teubner Studienbücher : Physik)
ISBN-13: 978-3-519-03091-1   e-ISBN-13: 978-3-322-84837-6
DOI: 10.1007/978-3-322-84837-6

Das Werk einschließlich aller seiner Teile ist urheberrechtlich geschützt. Jede Verwendung außerhalb der engen Grenzen des Urheberrechtsgesetzes ist ohne Zustimmung des Verlages unzulässig und strafbar. Das gilt besonders für Vervielfältigungen, Übersetzungen, Mikroverfilmungen und die Einspeicherung und Verarbeitung in elektronischen Systemen.

© B. G. Teubner Stuttgart 1993

Einband: Tabea u. Martin Koch, Ostfildern/Stgt.

Vorwort

Die heutige Generation von Hochenergieexperimenten, wie auch die meisten Experimente zur Atom- und Kernphysik, wäre ohne eine leistungsfähige Meßdatenerfassung unvorstellbar. Diese ist eng mit den Fortschritten der Computertechnik verbunden, so daß sie in den letzten Jahren einem starken Wandel unterworfen war.

Die Einführung leistungsfähiger Mikroprozessoren, die Normung schneller Datenbusse und die weite Verbreitung von Netzwerken geben dem Experimentator neue Mittel in die Hand, die er zu einer funktionierenden Gesamtlösung zusammenfassen kann. In diesem Buch werden diese Komponenten einzeln und in ihrem Zusammenspiel, auch anhand von Beispielen vorgestellt.

Das Buch ist aus einer Vorlesung hervorgegangen, die der Verfasser in den Jahren 1991 und 1992 im Fachbereich Physik an der Johannes Gutenberg Universität Mainz gehalten hat. Den Studenten und den Kollegen in Mainz und am CERN, die durch kritische Anregungen wertvolle Hilfe geleistet haben, sei an dieser Stelle gedankt. Mein besonderer Dank gilt Herrn Professor K. Kleinknecht, Herrn Professor K. Merle, Herrn Dr. H. Blümer, Herrn Dr. H. Kalinowsky und Herrn Dr. K. J. Peach.

Mainz, im Dezember 1992   Burkhard Renk

Inhalt

Vorwort

Inhalt

1 Einleitung
1.1 Formen der Meßdatenerfassung ... 9
1.2 Organisation von Meßdaten ... 12

2 Gewinnung von Meßdaten
2.1 Verstärker ... 14
2.1.1 Operationsverstärker ... 14
2.1.2 Vorverstärker ... 15
2.1.3 Spektroskopieverstärker ... 16
2.2 Diskriminatoren und Auslöseelektronik ... 17
2.3 Elektronische Schalter ... 19
2.4 Impulsdehnung ... 19

3 Digitalisierung und Trigger
3.1 Digital-Analog-Wandler ... 21
3.2 Analog-Digital-Wandler ... 22
3.2.1 Analogwandlung nach dem Dual Slope-Prinzip ... 22
3.2.2 Analogwandlung mit einem Wilkinson-ADC ... 23
3.2.3 Analogwandlung mit sukzessiver Approximation ... 24
3.2.4 Flash-Analog-Digitalwandler ... 25
3.3 Zeit-Digital-Wandlung ... 27
3.4 Auslösemechanismen (Trigger) ... 28
3.5 Digitale Eingabe und Ausgabe ... 29
3.6 Totzeit ... 30
3.7 Ein einfaches Beispiel ... 31
3.8 Vorgefertigte Datenerfassungsgeräte ... 33

3.8.1 Der Vielkanalanalysator ... 33
3.8.2 Transientenrecorder ... 34
3.8.3 Digitaloszilloskop ... 34

4 Speicher und Mikroprozessoren

4.1 Logikfamilien ... 35
4.1.1 Bipolare Logik ... 35
4.1.1.1 Transistor-Transistor-Logik ... 35
4.1.1.2 ECL-Technik ... 37
4.1.1.3 NIM-Module ... 38
4.1.2 Unipolare Logik, NMOS, PMOS und CMOS ... 39
4.1.3 Strahlungsschäden in integrierten Schaltungen ... 41

4.2 Speicher ... 43
4.2.1 Festwertspeicher (ROM) ... 43
4.2.2 Schreib-Lesespeicher (RAM) ... 44
4.2.2.1 Statisches RAM ... 44
4.2.2.2 Dynamisches RAM ... 45
4.2.3 Speicheradressierung ... 46
4.2.4 Logikentscheidungen durch Speichermodule ... 47
4.2.5 Beispiel für ein Datenerfassungsystem mit Speicher ... 49

4.3 Mikroprozessoren ... 50
4.3.1 Prinzipielle Funktionsweise von Mikroprozessoren ... 50
4.3.2 Klassifizierung von Mikroprozessoren ... 53
4.3.3 Der MC68020-Prozessor ... 54
4.3.4 Transputer ... 57
4.3.5 Überblick über einige weitere Prozessortypen ... 58
4.3.6 Signalprozessoren ... 59

4.4 Einfaches Datenerfassungssystem mit Prozessor ... 61
4.4.1 Polling-Algorithmus ... 62
4.4.2 Interrupt-Algorithmus ... 63

4.5 Speicherverwaltung ... 63

4.6 Betriebssysteme und Software ... 66

4.7 Kundenspezifische Schaltungen ... 68

5 Bussysteme

5.1 Busse in Computersystemen ... 71

Inhalt 7

5.1.1 Der SCSI-Bus 71
5.1.1.1 SCSI-Bus Aufbau 72
5.1.1.2 SCSI-Bus Protokoll 73
5.1.2 Das High Performance Peripheral Interconnect 76
5.1.3 Datenerfassung mit systemspezifischen Bussen 77
5.1.4 Der Futurebus 79

5.2 Bussysteme für Datenerfassung und Steuerung 79
5.2.1 CAMAC 80
5.2.1.1 Der CAMAC-Bus 81
5.2.1.2 Aufbau eines CAMAC-Moduls 82
5.2.1.3 Software für CAMAC 83
5.2.1.4 Aufbau des Beispiels in CAMAC 85
5.2.2 Der IEC-Bus 87
5.2.3 Der VME-Bus 89
5.2.3.1 Der elektronische Aufbau des VME-Busses 90
5.2.3.2 Erweiterungen des VME-Standards 92
5.2.3.3 Der VXI-Bus und der MXI-Bus 93
5.2.3.4 Das Betriebssystem OS 9 94
5.2.4 Fastbus 95
5.2.5 Die SCI-Schnittstelle 98

5.3 Vergleiche verschiedener Bussysteme 100

6 Kommunikation und Netzwerke

6.1 Grundlagen der Datenkommunikation 102
6.1.1 Der Physical Layer 103
6.1.2 Der Data Link Layer 103
6.1.3 Der Network Layer 105
6.1.4 Die Schichten 4 bis 6 des OSI-Modells 106
6.1.5 Die Anwendungen 107

6.2 Ethernet 107
6.2.1 Multiple Access Protokolle 108
6.2.2 Struktur von Ethernetpaketen 110
6.2.3 Ethernetkomponenten 111
6.2.4 Bewertung des Ethernets 114

6.3 Token Netzwerke 114
6.3.1 Der Token Bus IEEE 802.4 115
6.3.2 Der Token Ring IEEE 802.5 116

6.4 Das Fiber Distributed Data Interface FDDI 118
6.5 Verbreitete Netzwerkprotokolle 119
6.5.1 Der Network Layer im Internet 119
6.5.2 Der Transport Layer im Internet (TCP und UDP) 122
6.5.3 Der Application Layer im Internet 123
6.5.4 Weitere Protokolle 123
6.5.4.1 DECnet 123
6.5.4.2 Terminalprotokolle 124

7 Beispiele für Datenerfassungssysteme

7.1 Datenerfassung im SPS Speicherringexperiment UA1 125
7.1.1 Der UA1-Trigger 125
7.1.2 Der Aufbau der CAMAC-VME-Bus-Auslese 126

7.2 Das LEP-Experiment ALEPH 128

7.3 Die HERA-Experimente H1 und ZEUS 130

8 Literaturhinweise

9 Glossar

10 Stichwortverzeichnis

1 Einleitung

Messungen dienen zumindest in der Atom-, Kern- und Teilchenphysik dazu, Informationen über Strukturen und Wechselwirkungen zu gewinnen. Dazu gibt es zahlreiche Indikatoren, zu denen zum Beispiel elektromagnetische Strahlung, Teilchenstrahlung oder auch akustische Wellen gehören. Eine häufig benutzte Form solcher Experimente sind Streuexperimente, bei denen die auslaufenden Wellen unter anderem nach den folgenden Eigenschaften analysiert werden:
- Wahrscheinlichkeit bzw. zeitliche Häufigkeit,
- Teilchen- oder Strahlungsart,
- Energie,
- Winkelverteilung,
- Polarisation,
- Aufeinanderfolge oder Koinzidenz,
- Korrelationen.

1.1 Formen der Meßdatenerfassung

Detektorsignale sind meistens elektrische Signale. Eine kurze Beschreibung, wie sie gewonnen und elektronisch aufbereitet werden können, wird im zweiten Kapitel dieses Buches gegeben. Ansonsten sei für dieses Thema auf die existierende reichhaltige Literatur verwiesen, einige Bücher werden in Kapitel 8 angegeben. Aus den elektrischen Signalen muß die physikalische Information extrahiert werden. Grundsätzlich gibt es zwei verschiedene Arten, sie aufzunehmen, die als *direct mode* und als *list mode* bezeichnet werden.

Im *direct mode* werden die Signale direkt in ein ablesbares Ergebnis umgewandelt. Einfache Beispiele dafür sind Digitalvoltmeter oder Zähler, bei denen eine physikalische Größe (Spannung bzw. Zählrate) direkt abgelesen werden kann. Auch Verteilungen können so, zum Beispiel mit Hilfe eines Vielkanalanalysators, aufgenommen werden. Nach Abschluß der Messung steht sofort das gewünschte Ergebnis zur Verfügung, aber keine Information, die darüber hinausgeht oder weiteren Aufschluß darüber gibt, wie das Ergebnis zustande kam. Die Datenerfassung im *direct mode* entspricht damit weitgehend einer klassischen analogen Messung. Auch mit einem x-y-Schreiber kann der Ausgang eines Systems als Funktion einer

Eingangsvariablen ermittelt werden. Solche rein analogen Systeme haben häufig den Vorteil großer Genauigkeit, da keine Rundung auf eine endliche Zahl von Bits erfolgt.

Im Gegensatz dazu werden im *list mode* alle einen einzelnen Vorgang, im folgenden *Ereignis* genannt, charakterisierenden Parameter gesammelt, in digitale Informationen gewandelt und als Liste im Computer abgelegt. Diese Listen heißen *Daten*. Die physikalische Information wird während der Messung oder nach der Messung mittels Computerprogrammen aus den Daten gewonnen. In diesem Sinne ist Datenerfassung die Umwandlung von Detektorsignalen in digitale, im Computer gespeicherte Daten.

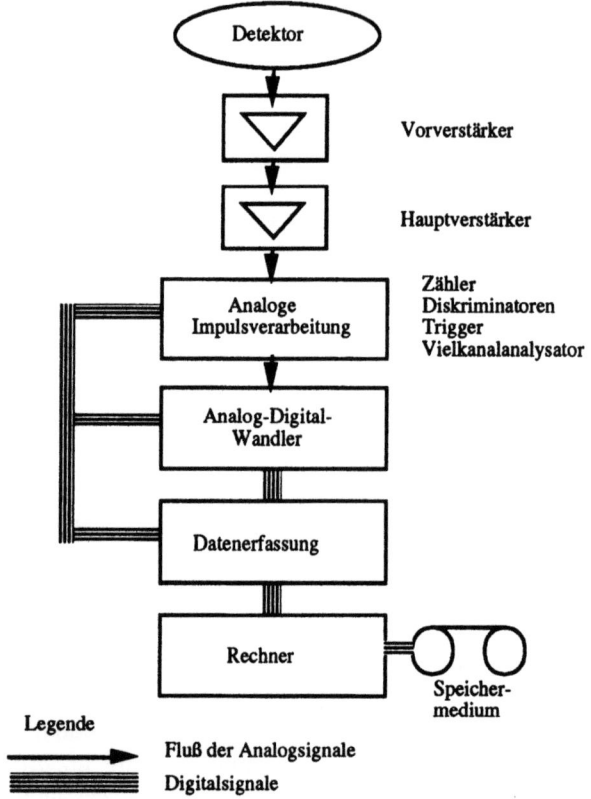

Abbildung 1.1: Ein einfaches Experiment zur Messung einer Verteilung

1 Einleitung

Als Beispiel soll ein einfaches Experiment zur Bestimmung einer beliebigen Verteilung (z.B. eines Spektrums) dienen, wie es in vielen Bereichen der Physik vorkommt, Abbildung 1.1 zeigt den prinzipiellen Aufbau. Signale aus dem Detektor werden verstärkt und analog verarbeitet. Im *direct mode* können Zähler, Vielkanalanalysatoren und weitere Geräte angeschlossen werden. In der analogen Impulsverarbeitung werden häufig durch Diskriminatoren digitale Signale erzeugt, die zum Auslösen der weiteren Auslese dienen, und als *Trigger* bezeichnet werden. Auch für diesen Teil der Experimente gibt es hervorragende Lehrbücher (siehe Referenzen in Kapitel 8), so daß der Autor dieses Buches sich hier kurzfassen kann Zur Erfassung im *list mode* werden die Daten dann in einem Analog-Digital-Wandler digitalisiert und über Datenerfassungselektronik in den Rechner transportiert, auf dem sie weiterverarbeitet und gespeichert werden. Die Beschreibung dieser Schritte ist der Gegenstand dieses Buches.

Wird eine Verteilung gemessen, so hat der Experimentator grundsätzlich zwei Möglichkeiten. Mißt er die Kanäle nacheinander, so ist sein apparativer Aufwand gering, dafür benötigt er viel Zeit und teilweise teure Ressourcen wie z.b. lange Strahlzeiten an Beschleunigern. Solch eine Messung wird häufig im *direct mode* geschehen, da dann der apparative Aufwand am geringsten ist. Bei Messung aller Kanäle gleichzeitig ist der apparative Aufwand viel höher, die Messungen sind dagegen schneller und können Ressourcen sparen. Soll nun eine Verteilung unter verschiedenen Bedingungen gemessen werden, um zum Beispiel Korrelationen festzustellen, so wird die Zahl der notwendigen Messungen im *direct mode* zu groß. Als Alternative drängt sich dann auf, eine *list mode*-Messung eines möglichst detaillierten Datensatzes zu machen und die Auswertung des Experiments mit seinen verschiedenen Bedingungen dann auf einem Computer durchzuführen.

Die Bedeutung dieses Ansatzes bei der Durchführung von Experimenten nimmt zu durch:
–komplexere Fragestellungen an das Experiment, zum Beispiel durch Multiparametermessungen,
–immer komplexere Experimente,
–teure Ressourcen (z.b. Strahl von Beschleunigern),
–kürzere Zeiten für Experimente durch wachsende internationale Konkurrenz,

–sinkende Computerpreise bei steigender Leistung, die heute auf preiswerten Workstations *list mode*-Messungen erlauben, die vor wenigen Jahren noch undenkbar waren. Die Rechenleistung solcher Systeme hat sich innerhalb von weniger als 10 Jahren verhundertfacht, weitere Steigerungen der gleichen Größenordnung sind zu erwarten.

Anforderungen an solche Datenerfassungssysteme sind:
–Flexibilität, um wechselnden Anforderungen während des Experimentes zu entsprechen,
–Modularität, um Wartbarkeit und Flexibilität sicherzustellen,
–Programmierbarkeit, da Software leichter als Hardware verändert werden kann, und
–Parallelität, um Engpässe zu vermeiden, angemessene Leistungen zu erzielen und die Systeme fehlertolerant zu machen.

Die Tendenz geht dabei klar dahin, immer weniger Spezialhardware oder Spezialelektronik einzusetzen. Dafür werden immer mehr Aufgaben durch Software erledigt. Ausnahmen sind Übergangsformen zwischen Hard- und Software wie zum Beispiel kundenspezifische Schaltungen, die in Kapitel 4.7 vorgestellt werden.

1.2 Organisation von Meßdaten

Bevor ein Datenerfassungssystem entworfen werden kann, muß der Experimentator sich darüber klar sein, welche Daten er erfassen will. Dies hängt natürlich stark von dem Experiment ab, so daß hier nur einige grundsätzliche Bemerkungen gemacht werden können.

Experimente sind nur dann reproduzierbar, wenn sie unter genau definierten Bedingungen stattfinden. In einer Liste sollten nur Daten stehen, die zu einem Satz äußerer Parameter gehören. Wenn sich Parameter ändern, müssen diese mit in die Liste geschrieben werden. Die gilt sowohl für Parameter, die der Experimentator vorwählt, wie auch für äußere Einflüsse, auf die der Experimentator keinen Einfluß hat.

Dabei gibt es im allgemeinen Parameter, die sich nur langsam ändern, und solche, die sich von Ereignis zu Ereignis ändern können. Bespiele für sich langsam ändernde Parameter sind der Luftdruck, die Raumtemperatur,

1 Einleitung

Versorgungsspannungen, und viele andere. Häufig reicht es, diese einmal zu bestimmen und dann für eine gewisse Zeit als konstant anzusehen, so daß eine Liste von Daten unter konstanten Bedingungen genommen werden kann, die dann als *Run* bezeichnet wird.

Ein solcher *Run* besteht typischerweise aus
- einem *Run* -Kopfteil, der eine eindeutige Identifizierung der Daten erlaubt, mit Datum und Uhrzeit des Runbeginns,
- einem *Run* -Parameterteil, der die externen, als konstant angenommenen Bedingungen enthält,
- der Liste der Ereignisse, in der für jedes Ereignis die eigentlichen Meßdaten sowie eventuell schnell veränderliche Parameter gespeichert werden, und
- einem *Run* -Schlußteil mit Datum und Uhrzeit des Runendes.

Wird vor dem Schlußteil ein weiterer Parameterblock genommen, kann durch Vergleich der beiden Parameterblöcke auch später festgestellt werden, ob die Bedingungen wirklich konstant waren. Hängt ein Experiment sehr empfindlich von diesen äußeren Werten ab, (z.B. bei einer Präzisionsmessung), dann kann der Parameterblock auch regelmäßig während des Runs aufgenommen werden. Durch Extrapolation können dann die Bedingungen für jedes einzelne Ereignis bestimmt werden. Dieses ist sinnvoller, als für jedes einzelne Ereignis sämtliche in Frage kommenden Parameter aufzuzeichnen, da dieses häufig zu einem Aufblähen der Datenmengen führt.

2 Gewinnung von Meßdaten

Die zu messenden Größen liegen teils als elektrische Signale, teils als nicht elektrische Effekte vor. Meßgrößen wie Licht, Druck oder Temperatur müssen erst in elektrische Größen umgewandelt werden, um weiterverarbeitet werden zu können. Magnetfelder werden mittels Hallsonden, Druck mittels Piezokristallen, Licht mit Photodioden oder Photovervielfachern erfaßt.

Einige Messungen erzeugen dabei Signale, die konstant in der Zeit oder nur langsam veränderlich sind. Beispiele dafür sind Detektor- oder Prozeßüberwachung, aber auch Intensitätsmessung. List mode–Daten werden erzeugt, indem zu einem bestimmten Zeitpunkt diese Größen gemessen werden. Dies kann regelmäßig nach einem vorgegebenen Takt, aber auch aufgrund eines anderen Ereignisses (Knopfdruck, erkannter Fehler...) geschehen.

Andere Signale haben eine pulsförmige Struktur, durch die die Ereignisstruktur vorgegeben ist, mit der die *list mode*-Daten geschrieben werden.

2.1 Verstärker

In den meisten Fällen muß ein Signal erst elektronisch aufbereitet werden, hierfür werden in verschiedensten Formen Verstärker verwendet.

2.1.1 Operationsverstärker

Die Funktionsweise von Operationsverstärkern und ihr Einsatz in Schaltungen ist Gegenstand vieler ausführlicher Darstellungen, hier sei als Beispiel auf das Buch von K.-H. Rohe und das Werk von U. Tietze und Ch. Schenk verwiesen. In diesem Kapitel sollen daher nur die wichtigsten Grundlagen, die für das Verständnis des Folgenden notwendig sind, wiederholt werden.

Ein Operationsverstärker ist ein mehrstufiger Verstärker, bei dem mindestens die Eingangsstufe als Differenzverstärker ausgelegt ist. Differenzverstärker haben den großen Vorteil, unabhängig von Eingangsspannungs-

2 Gewinnung von Meßdaten

driften zu sein, die bei Transistoren unvermeidbar sind. Der Verstärkungsfaktor (Leerlaufverstärkung) v_0 von Operationsverstärkern ist sehr hoch, typischerweise ist $10^4 < v_0 < 10^6$. Die Verstärkung einer Schaltung wird durch externe Beschaltung mit Widerstandsnetzwerken eingestellt, dabei wird das Prinzip der Gegenkopplung ausgenutzt. Man führt die Ausgangsspannung so auf den Eingang zurück, daß die Wirkung der Eingangsspannung abgeschwächt wird. Eingangsspannung und zurückgeführte Ausgangsspannung müssen also entweder gegenphasig sein, oder aber am Ausgang entgegengesetzte Wirkung hervorrufen. Dies erreicht man zum Beispiel, indem die Eingangsspannung auf einen Eingang und die rückgeführte Ausgangsspannung auf den anderen Eingang des Differenzverstärkers geführt wird.

Werden nicht nur ohmsche Widerstände, sondern auch Kondensatoren für die Rückkopplung benutzt, können Operationsverstärker auch als Differentiatoren oder Integratoren verwendet werden. Dies wird in diesem Kapitel in den Schaltungsbeispielen benutzt.

2.1.2 Vorverstärker

Bei einem Photovervielfacher beispielsweise, der kurzzeitige Lichtblitze niedrigster Intensität messen soll, werden Pulse mit der Ladung weniger pCb über einige ns erzeugt. Da deren zeitlicher Verlauf nicht immer gleich ist, ist es wesentlich, Ladungen und nicht etwa Spannungen zu messen. Ähnliches gilt z.B. für Proportionalkammern und ähnliche Detektoren. Benutzt werden dafür ladungsempfindliche Vorverstärker (siehe Abbildung 2.1). Die Ausgangsspannung U_a an einem solchen Verstärker hängt vom Eingangsstrom $I(t)$ ab:

$$U_a = -\frac{1}{c_d} \int I(t)\, dt \cdot V \cdot \frac{C_d}{C_d + C_m \cdot (1 + V)}.$$

Für hohe Verstärkungsfaktoren ($C_m \cdot V \gg C_d$) gilt nach Integration über die gesamte Pulsdauer von einigen ns

$$U_a = -\frac{Q}{C_m}.$$

Der ladungsempfindliche Vorverstärker liefert also eine Ausgangsspannung, die proportional zur Gesamtladung ist und nach dem Ende des Pulses, also einigen ns, zur Verfügung steht. Die Abklingzeit dieser Spannung ist im allgemeinen viel größer, typischerweise etliche µs. Damit besteht natürlich, insbesondere bei hohen Zählraten, die Gefahr, daß ein zweiter Puls während der Abklingzeit zu einem *Pile up* genannten Aufstocken der Spannungen führt. Dieser Effekt ist bei statistischen Prozessen unvermeidbar.

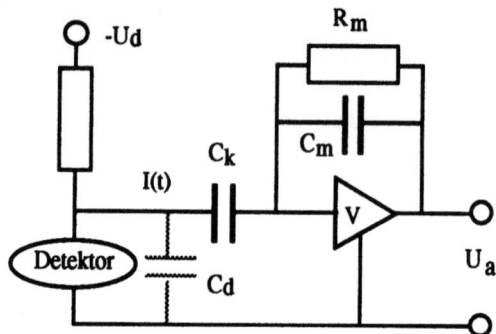

Legende: U_d Detektorspannung, C_d Detektorkapazität, C_k Koppelkondensator, C_m und R_m Rückkopplungs-RC-Kreis, U_a Ausgangsspannung

Abbildung 2.1: Schaltung eines ladungsempfindlichen Vorverstärkers

2.1.3 Spektroskopieverstärker

Spektroskopieverstärker (Abbildung 2.2) können zu einer Unterdrückung des *Pile up*-Effektes, zur Verstärkung der Signale in einen günstigen Amplitudenbereich, zur Impulsformung und zur Verbesserung des Signal-/Rauschverhältnisses benutzt werden. Sie verwenden dabei die Tatsache, daß in der Ausgangsspannung des Vorverstärkers die Amplitudeninformation in der Größe der Spannungssprünge liegt. Das Signal wird daher in einem RC-Hochpaß mit $\tau_d = R_d \cdot C_d$ differenziert und anschließend in einem RC-Tiefpaß mit $R_I \cdot C_I = R_d \cdot C_d$ wieder integriert. Die Zeitkonstante wird so gewählt, daß sie lang gegenüber der Pulsdauer und kurz gegenüber den typischen Pulsabständen ist. Das Ergebnis ist ein unipolarer Puls konstanter Form mit einem Maximum U_I (max), das proportional zur ursprünglichen Ladung Q ist.

2 Gewinnung von Meßdaten

Zur weiteren Verbesserung des Signal-/Rauschverhältnisses wird das Signal manchmal nochmals differenziert. Vorteile sind die schnellere Rückkehr auf die Null sowie die Möglichkeit, mit dem Nulldurchgang des doppelt differenzierten Signals einfach die genaue Zeit ermitteln zu können. Heute werden statt der RC-Glieder häufig aktive Filter benutzt. Dies ändert aber nichts an der grundsätzlichen Funktion.

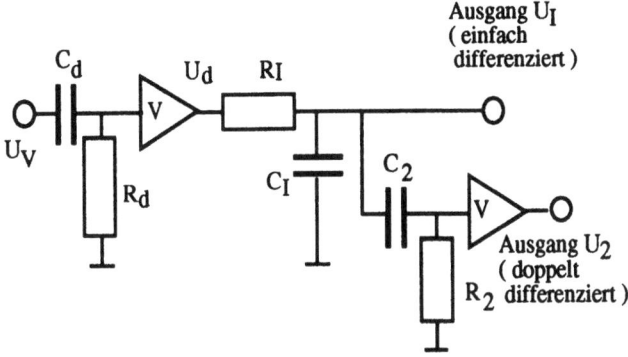

Legende: U_V Eingangsspannung vom Vorverstärker, U_I einfach differenzierte Ausgangsspannung, U_2 doppelt differenzierte Ausgangsspannung, $C_d R_d$, $R_I C_I$, $C_2 R_2$ RC-Glieder.

Abbildung 2.2: Schaltbeispiel für einen Spektroskopieverstärker

2.2 Diskriminatoren und Auslöseelektronik

Diskriminatoren werden verwendet, um dann ein digitales Signal zu geben, wenn das Analogsignal eine gewisse Bedingung erfüllt. Damit sind sie von entscheidender Bedeutung für alle Auslösemechanismen.

Die einfachste Form stellt der Amplitudendiskriminator (Abbildung 2.3) dar. Das Ausgangssignal U_{aus} liegt an ihm an, sobald die Spannung am Eingang U_{ein} einen (meistens einstellbaren) Wert überschreitet, der als Diskriminatorschwelle bezeichnet wird. Diese Schwelle wird meistens so eingestellt, das sie oberhalb des Rauschens und unterhalb der erwarteten Größe des zu messenden Pulses liegt, dann startet der Diskriminator die weitere Messung des Pulses. Nicht immer aber kann dieser Idealfall erreicht werden, häufig sind Detektorsignale nicht wesentlich stärker als das Rauschen. In diesem Fall werden häufig logische Koinzidenzen mehrerer

Detektoren und Diskriminatoren benutzt, um das Rauschen zu unterdrücken.

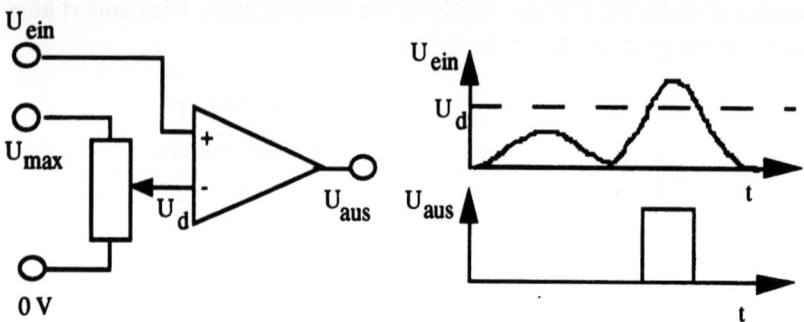

Abbildung 2.3: Der Amplitudendiskriminator, die Diskriminatorschwelle U_d ist am Potentiometer zwischen 0V und U_{max} einstellbar.

Eine weitere Form der Diskriminatoren ist der Einkanaldiskriminator (Abbildung 2.4), auch Fensterdiskriminator genannt. Er gibt ein Ausgangssignal nur, wenn die Eingangsspannung zwischen den Werten von U_1 und U_2 liegt. Wird die Differenz $U_2 - U_1$ konstant gehalten und eine der Spannungen gleichförmig verändert, so kann mit einem Einkanaldiskriminator z.B. ein Spektrum im *direct mode* gemessen werden.

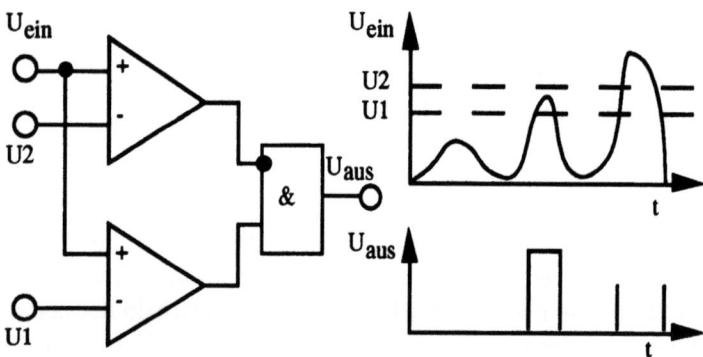

Abbildung 2.4: Der Einkanaldiskriminator. U_2 ist die obere, U_1 ist die untere Schwelle.

2.3 Elektronische Schalter

Elektronische Schalter werden verschiedentlich benutzt, um elektronische Signale nur unter bestimmten Bedingungen weiterzuleiten oder aber sie auf unterschiedliche Leitungen zu verteilen. Nur selten noch werden für solche Aufgaben Relais verwendet, meistens finden heute Halbleiterschalter oder aber Optokoppler Verwendung.

Lineare Gatter (*linear gate*) sind elektronisch gesteuerte Schalter im Zuge einer analogen Leitung. Analoge Signale werden – möglichst unverfälscht – nur dann weitergeleitet, wenn das Gatter durch ein externes Signal geöffnet ist. Wird das Gatter durch einen Amplitudendiskriminator geöffnet, so kann man damit leicht erreichen, daß nur Pulse oberhalb einer gewissen Stärke durchgelassen werden und alle niedrigen (Rausch-) Signale abgeschnitten werden.

Multiplexer dienen dazu, mehrere Eingänge der Reihe nach auf einen Ausgang zu schalten. Bei niedriger Datenrate können so zum Beispiel mehrere Experimentkanäle der Reihe nach auf einen Datenerfassungskanal gelegt und damit der Reihe nach ausgelesen werden. Multiplexer werden häufig bei Überwachungssystemen verwendet, um langsam veränderliche Größen wie Betriebsspannungen, Temperaturen und Drücke dauernd zu messen.

2.4 Impulsdehnung

Für manche Weiterverarbeitung, z.B. mit langsamen Analog-Digital-Wandlern (ADCs), sind die Signale, die wir bisher gesehen haben, zu kurz. Auch kann es von Interesse sein, analoge Signale eine gewisse Zeit zu speichern, sei es, um sie nacheinander in einem ADC zu digitalisieren, sei es, um Zeit für eine komplexere Triggerlogik zu gewinnen. Auch kann es ratsam sein, mit der Weiterverarbeitung auf einen langsameren Detektorteil zu warten. Wenn analoge Signale gespeichert und dann mittels Multiplexer der Reihe nach auf einen Analog-Digital-Wandler gegeben werden, ist es möglich, die Zahl der notwendigen Wandler und damit die Kosten erheblich zu reduzieren. Ein solches Verfahren empfiehlt sich insbesondere für niedrige Zählraten.

Hierfür gibt es analoge Speicher und Impulsdehner (*Stretcher*), für die Abbildung 2.5 ein Beispiel zeigt. Die Speicherzeit wird durch die Größe des Speicherkondensators und des Entladewiderstandes bestimmt:

$$\tau_{sp} = C_{sp} \cdot R_e.$$

Für Zeiten, die sehr klein gegenüber der Speicherzeit sind, bleibt die Ausgangsspannung konstant, bis sie durch Entladung des Kondensators über den Schalter nach einer Zeit T auf Null zurückgesetzt wird.

Da Verlustströme und Kriechströme unvermeidbar sind, sollten Meßgrößen, bei denen es auf Genauigkeit ankommt, nicht zu lange in analogen Speichern gehalten werden. Falls dies nicht vermieden werden kann, empfiehlt es sich, die Verweildauer im analogen Speicher mit zu erfassen, um die Daten entsprechend eichen zu können.

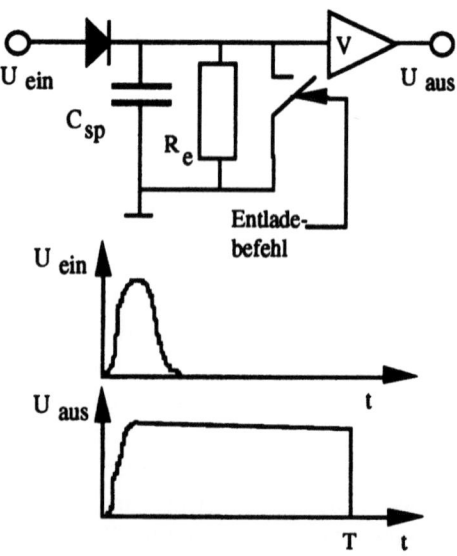

Abbildung 2.5: Schaltung eines Impulsdehners.

3 Digitalisierung und Trigger

Die Schnittstelle zwischen der Welt der digitalen Datenerfassung und der analogen Welt der Detektorsignale stellen die verschiedensten Wandler und die Trigger dar. In diesem Kapitel werden Digital-Analog-Wandler, Analog-Digital-Wandler und Zeit-Digital-Wandler vorgestellt.

3.1 Digital-Analog-Wandler

Ein Digital-Analog-Wandler (DAC) hat die Aufgabe, ein analoges Signal, meist einen Spannungspegel, zu erzeugen, der proportional zu einer anliegenden Digitalzahl ist. Die häufigste Bauform stellen die sogenannten R-2R-Netzwerke und ihre Abarten dar, ein einfaches Schaltbeispiel zeigt Abbildung 3.1.

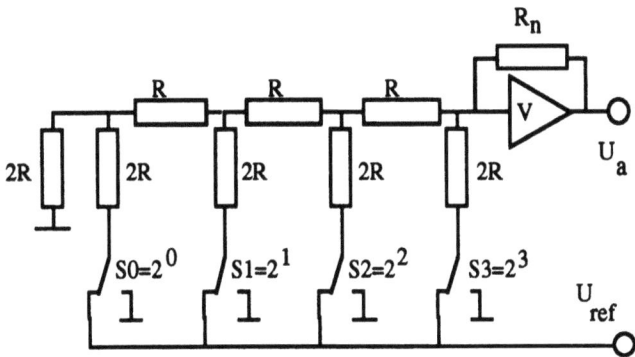

Abbildung 3.1: Ein Schaltbeispiel für einen 4 bit Digital-Analog-Wandler mit R-2R Netzwerk

Die am Ausgang anliegende Spannung wird durch die am Eingang des Operationsverstärkers liegende Spannung, die das Widerstandsnetzwerk liefert, bestimmt und berechnet sich bei diesem Beispiel nach der Formel

$$U_a = \frac{-U_{ref} \cdot R_n}{16\,R} \cdot n, \; n = 1 \ldots 15,$$

wobei n die durch die Schalter eingestellte Dualzahl ist.

Wesentlich für einen DAC ist seine Linearität. Diese wird bei den hier vorgestellten Netzwerken durch die Genauigkeit der signifikantesten Widerstände bestimmt. Das Verfahren hat den Vorteil, schnell zu sein, weil nur ein Schaltvorgang nötig ist, um die gewünschte Spannung zu erreichen. Es ist sehr einfach, weil sich Widerstände gut herstellen lassen, und ist so linear wie die Genauigkeit der wichtigsten Widerstände.

3.2 Analog-Digital-Wandler

Für die Erfassung von Daten ist naturgemäß die Umwandlung von Analogsignalen in digitale Größen wichtiger als der eben angerissene umgekehrte Weg. Die vorkommenden Analog-Digital-Wandler (ADC) unterscheiden sich in der Funktionsweise und in ihren Einsatzgebieten erheblich. Die Wahl passender Wandler ist wesentlich für das Design der Datenerfassung eines Experimentes.

Beim Einsatz von Analog-Digital-Wandlern muß berücksichtigt werden, wie die gemessene Binärzahl (auch Kanalzahl genannt) mit der zu messenden Größe zusammenhängt. Um ein Spektrum interpretieren zu können, müssen die folgenden zwei Größen bestimmt werden. Das *Pedestal* P bezeichnet die Kanalzahl, die der Messung einer Null entspricht. Die *Eichung* k gibt den Zusammenhang zwischen der gemessenen Kanalzahl und der anliegenden Größe (z.B. Spannung) an. Die Kanalzahl N eines Pulses mit der Spannung U berechnet sich nach der Formel $N = P + k \cdot U$. Nur wenn Pedestal und Eichung bekannt sind, kann eine Messung erfolgen. Diese Größen sind nicht nur durch die Wandler, sondern auch durch die weiteren vorgeschalteten analogen Elemente beeinflußt. Meistens ist es notwendig, spezielle Eichmessungen durchzuführen. Das kann vor und nach der normalen Datennahme (*Kalibrationsruns*) oder während der Datennahme (*Kalibrationsereignisse*) erfolgen.

3.2.1 Analogwandlung nach dem Dual Slope-Prinzip

Diese Form der ADCs (Abbildung 3.2) eignet sich hervorragend zur genauen Messung von Gleichspannungen, langsamen Signalen oder zusammen mit Stretchern zur Messung von Pulsen niedriger Zählrate.

3 Digitalisierung und Trigger

Die Digitalisierung erfolgt in drei Phasen. In der ersten Phase wird Schalter S1 für eine feste Zeit geschlossen, S2 und S3 sind geöffnet. Der Kondensator lädt sich über den Widerstand auf, wobei die Ladung Q proportional zur Spannung U_{ein} bzw. dem Integral über U_{ein} während dieser Phase ist. In der zweiten Phase ist S2 geschlossen, S1 und S3 sind geöffnet. Der Kondensator entlädt sich linear gegen U_{ref}, der Zähler zählt solange, bis der Komparator ihn stoppt. Der Zählerstand ist dann proportional zur Ladung Q und damit zur Eingangsspannung. Im dritten Schritt sind S1 und S2 offen, S3 geschlossen. Der Kondensator und der Zähler werden zurückgesetzt, der ADC steht wieder für eine neue Messung zur Verfügung.

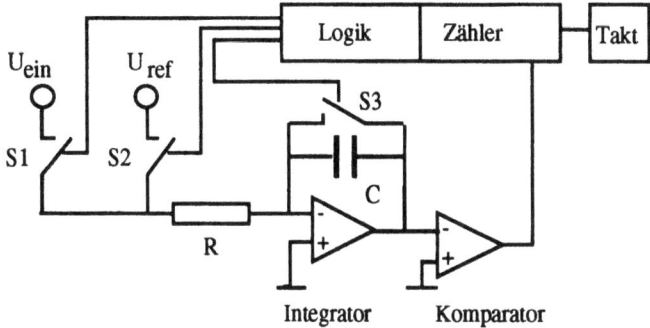

Abbildung 3.2: Ein Analog-Digital-Wandler nach dem Dual Slope Prinzip

Vorteile dieses ADC-Typs sind seine gute Linearität, die hohe Auflösung (typischerweise 10 bis 16 bit), und der niedrige Aufwand. Sein Nachteil ist, daß er sehr langsam ist. Die Meßdauer beträgt $T_{mess} = \dfrac{2^n}{v_{Takt}}$, wobei dies bei 13 bit (8192 Kanälen) und einer sehr hohen Taktfrequenz von 250 MHz immerhin 33µs sind. Dual Slope ADCs können daher nicht sinnvoll bei hohen Zählraten (> 10 kHz) eingesetzt werden.

3.2.2 Analogwandlung mit einem Wilkinson-ADC

Auch der Wilkinson- oder Sägezahn-ADC dient zur Umwandlung langsamer Signale, speziell zur Digitalisierung von Pulsen mit Zählraten unterhalb von 10 KHz. Der Eingang ist ein *linear gate*, das im Schaltplan (Abbildung 3.3) als Schalter gezeichnet ist und meistens durch elektronische Bauelemente verwirklicht wird. Nach dem Puls schließt das Gate mit Hilfe des Diskriminators. Der Puls ist im Speicherkondensator C gespeichert, dessen Ladung proportional zur Spannungsspitze des Pulses ist. Dieser wird über eine Konstantstromquelle linear entladen. Dabei mißt der Zähler die Entladezeit und damit die Ladung in C. Der Komparator stoppt den Zähler über das RS-Flip-Flop.

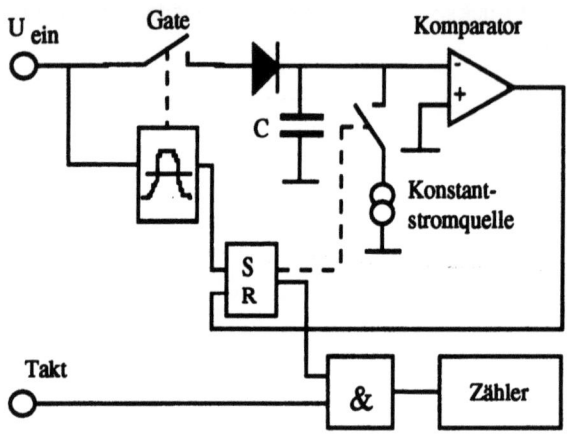

Abbildung 3.3: Aufbau eines Wilkinson ADC

Die Vorteile dieses ADC-Typs sind wiederum seine gute Linearität, die hohe Auflösung, der niedrige technische Aufwand. Nachteilig ist die Konversionszeit, die so lang wie beim Dual Slope ADC ist. Von diesem unterscheidet der Wilkinson-Typ sich insbesondere dadurch, daß er pulssensitiv ist.

3.2.3 Analogwandlung mit sukzessiver Approximation

Die Konversionszeit der bisher vorgestellten ADCs ist proportional zu 2^n und damit für viele Zwecke viel zu lang. Das Verfahren der sukzessiven Approximation stellt unter den Gesichtspunkten Geschwindigkeit und Aufwand einen Kompromiß dar, der zu seiner Verbreitung geführt hat.

3 Digitalisierung und Trigger

Das Verfahren beruht darauf, daß in ein Register (SAR = Sukzessives Approximationsregister) ein mittlerer Anfangswert geschrieben wird und ein Digital-Analog-Wandler ein entsprechendes Analogsignal erzeugt. Der Wert könnte z.B. eine Dualzahl sein, die im signifikantesten Bit eine 1 und sonst nur Nullen hat. Dieses Bit wird durch einen Komparator mit dem Eingangssignal verglichen. Ist das Eingangssignal größer als die Vergleichsspannung, so wird das gerade gesetzte Bit behalten und das nächst signifikante gesetzt. Ist es kleiner, wird das gerade gesetzte Bit gelöscht und das nächst signifikante Bit gesetzt. Dann wird der Vergleich für das nächste Bit wiederholt. Nach einer Anzahl von Schritten, die gleich der Bitbreite des ADC ist, wird so das Ergebnis gewonnen und kann aus dem seitlichen Puffer ausgelesen werden.

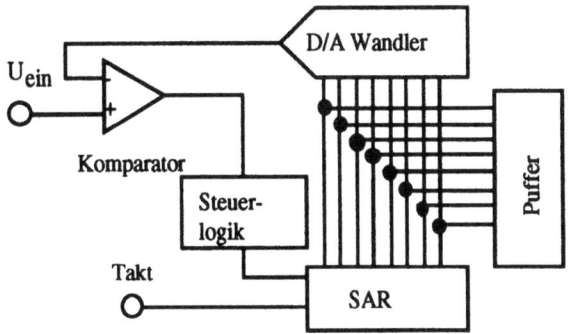

Abbildung 3.4: Ein ADC mit sukzessiver Approximation.

Die Konversionszeit ist also nur proportional zu n und damit viel kürzer als bei den bisher beschriebenen Bauarten. Vorteile dieses ADC-Typs sind seine Geschwindigkeit und sein einfacher Aufbau. Genauigkeit, Linearität und damit sinnvolle Auflösung werden durch den DA-Wandler begrenzt. Angewandt werden diese ADC für mittlere Datenraten, beispielsweise in der Audiotechnik.

3.2.4 Flash-Analog-Digitalwandler

Die schnellste, technisch aufwendigste und damit teuerste Form der Wandler stellen die Flash-ADC (FADC) dar. Sie sind in der Lage, die

Signale in einem einzigen Schritt zu konvertieren, und damit n-mal so schnell wie die ADCs mit sukzessiver Approximation zu sein. Dafür benutzen sie 2^n parallele Diskriminatoren. Damit ist die mögliche Auflösung durch die Zahl der integrierbaren Komparatoren begrenzt.

Das Meßprinzip ist sehr einfach. Eine lineare Widerstandskette definiert eine Kette von Spannungsschwellen zwischen den beiden anliegenden Referenzspannungen. Der oberste Diskriminator, dessen Eingangsspannung oberhalb seiner Referenzspannung liegt, ergibt den Meßwert, das Gatter wandelt die anliegenden Pegel in das Bitmuster einer Dualzahl um. Je nach Wahl der Widerstandskette lassen sich auch nicht lineare Kennlinien erzeugen. Dies ist wichtig, will man bei niedriger Anzahl von Kanälen eine gute Auflösung schon bei niedrigen Spannungen erzielen.

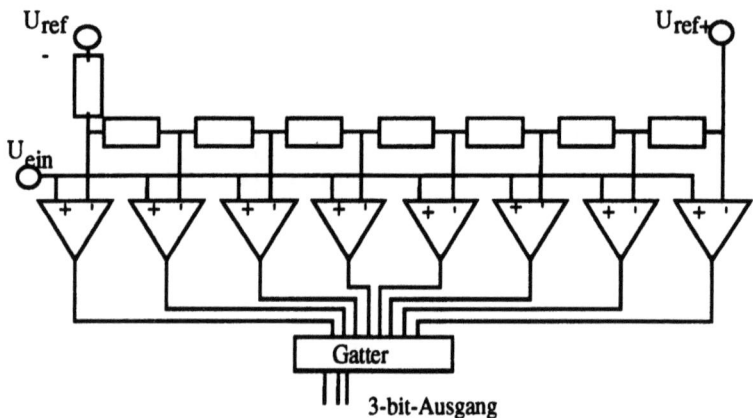

Abbildung 3.5: Ein 3-bit Flash-ADC

Flash-Wandler werden im allgemeinen nicht nur einmal pro Trigger, sondern über eine längere Periode mit gleichmäßigem Takt (von vielen MHz) ausgelesen. Dabei werden enorme Datenmengen produziert, die die nachfolgende Datenerfassung verkraften können muß. Die Kunst des Experimentators besteht deshalb darin, die ADCs nicht länger oder schneller als notwendig auszulesen. Die Widerstandskette gibt diesem ADC-Typ eine gute Linearität, zumal da alle Widerstände gleichwertig sind. Die Tatsache, daß die gleiche Struktur aus Komparator und Widerstand häufig vorkommt, erlaubt, diese ADC-Form auf einem Chip zu integrieren. Einsatzgebiete der

3 Digitalisierung und Trigger

Flash-ADCs sind schnelle Detektoren wie Triggerzähler oder Detektoren, bei denen sowohl die Zeit wie die Amplitude eines Signals wichtig sind. Auch dienen die Flash-ADCs dazu, mehrere Signale, die im kurzen zeitlichen Abstand auftreten können, zu trennen und damit zwischen einzelnen und verschiedenen Ereignissen zu unterscheiden. Ein Beispiel dafür sind die Zeit-Projektionskammern (TPC). Großtechnisch werden Flash-Wandler z.B. eingesetzt, um Videosignale zu digitalisieren.

3.3 Zeit-Digital-Wandlung

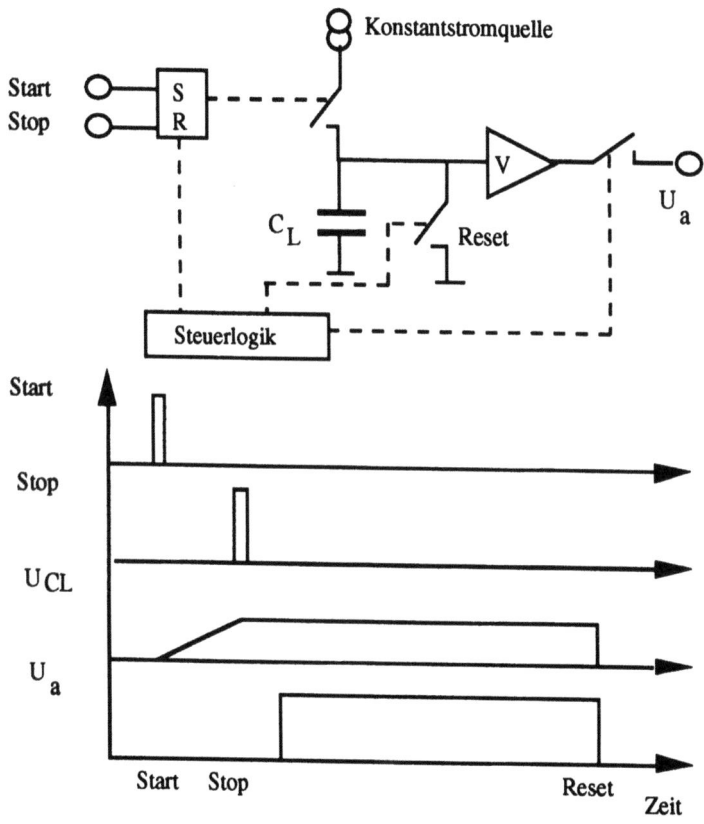

Abbildung 3.6: Prinzip des Zeit-Amplitudenwandlers

Ein Zeit-Digitalwandler (TDC) wird durch einen Startpuls gestartet und einen Stoppuls gestoppt. Eine Dualzahl am Ausgang ist proportional zur Zeit. Für die Messung längerer Zeiten (oberhalb von 100 ns) läßt sich dies mit guter Genauigkeit durch das Starten und Stoppen eines einfachen Zählers erreichen. Maximale heute erreichbare Zählfrequenzen liegen bei etlichen GHz, so daß die Auflösung dieser Trivialmethode systematisch bei etlichen ps begrenzt ist, genaue Messungen sind nur ab ca. 10 ns möglich.

Will man noch kürzere Zeiten T (ps) auflösen, wählt man im allgemeinen ein anderes Verfahren. Die Zeit T wird zuerst in eine Spannungsamplitude verwandelt (Time Amplitude Converter, TAC). Dies geschieht, indem ein Kondensator zwischen dem Start- und Stoppuls von einer Konstantstromquelle aufgeladen wird. Am Ausgang der Schaltung (Abbildung 3.6) liegt bis zum Reset eine Spannung an, die proportional zur Zeit T ist und dann in einem hochauflösenden ADC digitalisiert wird.

3.4 Auslösemechanismen (Trigger)

Die Datenauslese, bisher haben wir die AD-Wandlung und die TD-Wandlung kennengelernt, muß häufig durch ein externes Signal gestartet werden. Dieses Auslösesignal wird mit dem englischen Wort Trigger bezeichnet. Der einfachste Trigger beruht auf einem Amplitudendiskriminator, wie in Abbildung 3.7 gezeigt.

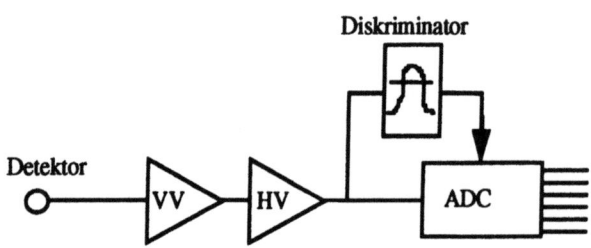

Legende: VV: Vorverstärker HV: Hauptverstärker

Abbildung 3.7: Triggerung eines ADC durch einen Amplitudendiskriminator

3 Digitalisierung und Trigger

Bei den meisten Experimenten werden die Auslösemechanismen komplizierter sein, speziell dann, wenn entweder der Signal-/Rauschabstand niedrig ist oder wenn aus einer großen Anzahl von Ereignissen nur bestimmte Klassen frühzeitig gefiltert werden sollen. Meistens wird der Trigger dann aus logischen Verknüpfungen (UND, ODER, XOR...) einfacher Trigger bestehen. Auch gibt es mehrstufige Trigger, die unterschiedlich schnell zur Verfügung stehende Informationen unterschiedlicher Herkunft zur Datenselektion benutzen. Ein einfaches Beispiel für einen verknüpften Trigger wird in Absatz 3.7 vorgestellt, komplizierte Trigger bei der Beschreibung der Experimente in Kapitel 7.

3.5 Digitale Eingabe und Ausgabe

Häufig müssen digital vorliegende Daten, z.B. Ausgänge von Diskriminatoren, eingelesen oder aber digitale Signale beispielsweise für Steuerzwecke ausgegeben werden. Auch hierfür gibt es geeignete Einheiten, in diesem Absatz seien einige Auswahlkriterien angesprochen. Ein digitaler Ein- und Ausgabebaustein wird auch als *Port* bezeichnet. In Mikrocomputersystemen werden serielle und parallele Ports verwendet. Ein vielseitiger, programmierbarer Ein- und Ausgabebaustein wird PIO genannt.

Bei der digitalen Eingabe sind die folgenden Punkte zu beachten. Die logischen Pegel müssen stimmen, über die Definition der Werte von Null und Eins muß Klarheit herrschen. Dies macht häufig den Einsatz von Umsetzern notwendig, zum Beispiel beim gemischten Einsatz von ECL und TTL. Die Werte müssen lange genug anliegen, um von der Elektronik erkannt zu werden. Oft verlangt die digitale Eingabe auch ein externes Signal, das das Auslesen des Eingangs erlaubt.

Bei der digitalen Ausgabe ist neben der Definition der logischen Pegel vor allem zu beachten, daß die Ausgabeleistung genügt. Dafür müssen geeignete Treiberbausteine verwendet werden. Dies ist insbesondere wichtig, wenn durch einen Ausgangskanal viele andere Eingänge gesteuert werden sollen, oder wenn wegen längerer Strecken oder notwendiger Verzögerung sehr lange Kabel benutzt werden müssen. Gerade in letzterem Fall ist auf einen genügenden Abstand von Signal und Störungen, wie zum Beispiel Rauschen oder Brummen, zu achten. Auch stellt das Übersprechen zwischen verschiedenen Kanälen oft ein Problem dar. Die einfachen NIM-Treiber mit

-16mA reichen dann oft nicht aus; durch geeignete Leistungstreiber werden günstigere Werte erreicht.

Beachtet werden muß auch, daß Hochfrequenzleitungen korrekt terminiert sein müssen, um Reflexionen an offenen Enden oder Kurzschlüssen zu vermeiden. Abschlußwiderstände für häufig benutzte Koaxialkabel sind 50, 70 oder 100 Ω.

3.6 Totzeit

Tritt in einem Experiment ein Ereignis ein, so kann unter Umständen für eine gewisse Zeit τ kein weiteres Ereignis aufgenommen werden, das Experiment ist tot. Gründe dafür können Abklingeffekte im Detektor, Konversionszeiten von Wandlern oder Verzögerungen durch die Datenauslese sein. Grundsätzlich unterscheidet man zwischen paralysierbaren und nicht paralysierbaren Detektoren.

Ein paralysierbarer Detektor wird wieder für die Zeit τ gesperrt, wenn während der Totzeit ein Ereignis stattfindet. Für die gemessene Rate R´ bei wahrer Rate R gilt dann: $R' = R \cdot e^{-R\tau}$. Diese transzendente Gleichung läßt sich leider nicht analytisch nach R auflösen, so daß im Einzelfall R numerisch ermittelt werden muß.

Ein nicht paralysierbarer Detektor ist nach Eintreffen des Ereignisses für eine feste Zeit τ tot, unabhängig davon, ob in dieser Zeit ein weiteres Ereignis stattgefunden hat. Sei R die wahre Rate und R´ die gemessene Rate, so ist der Detektor für die Zeit $R'\cdot\tau$ tot. Verloren gehen damit $R\cdot R'\cdot\tau$ Ereignisse, und dies ist nach Definition gerade die Differenz zwischen wahrer und gesehener Ereignisrate. Die wahre Rate läßt sich aus der gemessenen Rate und der Totzeit dann bestimmen:

$$R = \frac{R'}{1-R'\cdot\tau}.$$

Diese Korrektur ist wesentlich, wenn das Produkt $R'\cdot\tau$ groß ist.

Für beide Formen von Detektoren gilt, daß im Fall $R \ll \frac{1}{\tau}$ die wahre Rate wie folgt bestimmt werden kann:

$$R \approx R'\cdot(1 + R'\cdot\tau).$$

Für jede Messung von Raten ist die Bestimmung der Totzeit wichtig. Reale Experimente enthalten oft Gemische aus paralysierbaren und nicht paralysierbaren Komponenten. Die exakte Bestimmung der Totzeit ist dann oft äußerst schwierig, der Experimentator muß in diesem Falle einen Kompromiß zwischen der noch tolerierbaren Totzeit und dem Wunsch nach hohen Datenraten schließen. Gerade bei sehr hohen Datenraten sind paralysierbare Detektoren und Datenerfassungskomponenten zu vermeiden, da ihre gesamte Totzeit nicht nur numerisch nicht berechenbar, sondern auch größer ist.

3.7 Ein einfaches Beispiel

Zum Abschluß dieses Kapitels über die Kopplung zwischen der analogen und der digitalen Welt in einem Experiment (Abbildung 3.8) soll als Beispiel die Messung der Lichtausbeute von Szintillatoren mittels kosmischer Myonen vorgestellt werden. Dieses einfache Beispiel wird im folgenden mehrmals wieder vorkommen, um Datenerfassungssysteme vorzustellen.

Ein Myon kann von allen anderen Teilchen dadurch unterschieden werden, daß es einige cm Blei durchdringen kann. Es lag also immer dann ein Myon vor, wenn die beiden Triggerzähler auf ihren Photovervielfachern ein Signal haben. Die Definition eines Myontriggers ist als das logische UND aus den Signalen von PM1 und PM2. Abbildung 3.9 zeigt den Aufbau dieses einfachen Triggers und den Aufbau der Auslesekette für den zu messenden Szintillator. Die logische Koinzidenz aus den Diskriminatorausgängen liefert den Trigger und initiiert damit die Analog-Digitalwandlung. Wesentlich ist die Wahl der richtigen zeitlichen Abfolge, das *Timing*. Der Trigger darf den ADC erst starten, wenn der Vorverstärker VV und der Hauptverstärker HV die Pulse geformt haben und diese am Eingang des ADC anliegen. Die Zählrate bei einem solchen Versuch ist wegen des niedrigen Flusses kosmischer Myonen so niedrig, daß ein langsamer ADC ausreicht und es keinerlei Totzeitprobleme gibt.

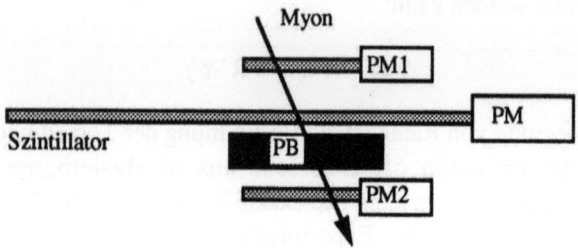

Legende: PM1, PM2, PM Photovervielfacher, PB Bleischicht

Abbildung 3.8: Aufbau eines Versuches zur Messung der Lichtausbeute von Szintillatoren mittels kosmischer Myonen.

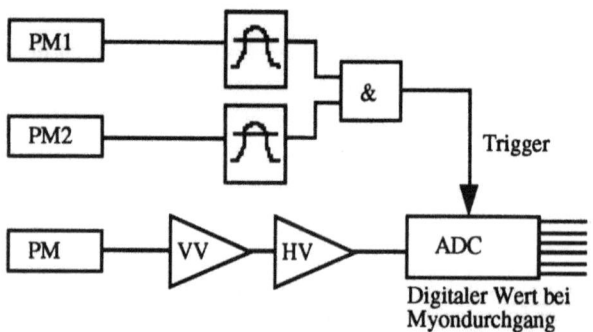

Abbildung 3.9: Aufbau der Elektronik für den Versuch aus Abbildung 3.8.

Ein neu auftretendes Problem ist das der zufälligen Koinzidenzen der beiden Triggerzähler PM1 und PM2. Seien R_1 und R_2 die jeweiligen zufälligen Zählraten und τ die Koinzidenzzeit, dann berechnet die Koinzidenzrate sich zu $R_{zuf} = R_1 \cdot R_2 \cdot \tau$. Seien z.B. R_1 und R_2 je 1 kHz und $\tau = 1$ µs, so erhält man eine zufällige Rate von 1 Hz. Dies ist für diesen Versuch mit Sicherheit zu hoch. Deshalb ist eine sorgfältige Wahl von τ und den Diskriminatorschwellen an PM1 und PM2, die die zufällige Zählrate bestimmen, wichtig.

3 Digitalisierung und Trigger

3.8 Vorgefertigte Datenerfassungsgeräte

Einfache Messungen im Labor verlangen nicht nach komplexen Datenerfassungslösungen, sondern nach zuverlässig arbeitenden Komponenten "von der Stange". Die Industrie bietet eine ganze Anzahl von Geräten an, die entsprechenden Kataloge sind viel umfangreicher als dieses Buch. Einige wichtige Typen sollen in diesem Kapitel zusammen mit ihrem Einsatzbereich vorgestellt werden. Im Inneren dieser Geräte sind wiederum die Komponenten zu finden, die bisher schon vorgestellt wurden.

3.8.1 Der Vielkanalanalysator

Eine häufig gestellte Aufgabe ist es, von einer Quelle analoger Pulse ein Pulshöhenspektrum zu erfassen. Ein solches Spektrum ist eine Wahrscheinlichkeitsverteilung. Dazu wird der gesamte Meßbereich zwischen dem niedrigsten und höchsten Meßwert in eine bestimmte Anzahl von Kanälen eingeteilt, dieses können bei hochauflösenden Messungen über tausend sein.

Für jeden Puls wird bestimmt, welcher Kanalzahl seine Pulshöhe entspricht. Der Inhalt dieses Kanals wird dann um den Wert 1 erhöht. Nach Ablauf einer gewissen Meßzeit ist dann das Spektrum gemessen, die statistische Genauigkeit der Messungen nimmt mit der Wurzel der Meßdauer zu.

Bei einem solchen Vielkanalanalysator können typischerweise die untere und obere Meßgrenze, die Integrationszeit für den Einzelpuls und die Meßdauer eingestellt werden. Das Spektrum wird direkt auf einem Bildschirm angezeigt. Kanalinhalte können meistens angezeigt und ausgedruckt werden, häufig können die gemessenen Spektren auch über ein Bussystem oder eine Kommunikationsleitung in einen Computer gelesen werden. Um das Spektrum interpretieren zu können, müssen genau wie bei den AD-Wandlern das Pedestal und die Eichung bestimmt werden. Bei Vielkanalanalysatoren lassen sich diese Größen normalerweise einstellen. Ihre Überprüfung ist bei genauen Messungen eine der wesentlichen Aufgaben des Experimentators.

3.8.2 Transientenrecorder

Will man den genauen zeitlichen Verlauf eines Signals messen, werden Transientenrecorder eingesetzt. Diese tasten das Signal mit einer festen Frequenz ab, dafür wird intern meistens ein Flash-ADC verwendet. Die Pulshöhe wird im Transientenrecorder über eine gewisse Zeit abgespeichert und kann dann entweder ausgedruckt, durch einen Computer ausgelesen oder im Inneren des Transientenrecorders weiterverarbeitet werden.

Transientenrecorder gibt es für die Verarbeitung von einem oder von mehreren gleichzeitigen Eingangssignalen. Der Einsatzbereich ist dort, wo es darum geht, einzelne Signale auf ihren genauen zeitlichen Verlauf zu untersuchen, zum Beispiel Daten auf einem Parallelkabel.

3.8.3 Digitaloszilloskop

Dem Transientenrecorder sehr ähnlich ist das Digitaloszilloskop. Nur im Aussehen und teilweise in der Bedienung erinnert dieses an die konventionellen analogen Oszilloskope. Intern arbeitet ein Flash-ADC, der das Eingangssignal oder die Signale regelmäßig abtastet, abspeichert und auf einem Bildschirm darstellt. Dabei haben typische Geräte einen bis vier Eingänge. Ein Digitaloszilloskop ist in der Lage, eine vorbestimmte Anzahl von Pulsen zu mitteln, Spitzenspannungen, Pulsbreiten und ähnliche Größen zu bestimmen. Dafür gibt es komfortable Menüsteuerung und die Möglichkeit, viel Information auf dem Bildschirm einzublenden. Auch können die Ergebnisse in einen Computer ausgelesen werden.

Intern ist ein Digitaloszilloskop nichts anderes als ein spezialisierter Hochleistungscomputer mit schneller Datenerfassung, einem oder mehreren Flash-ADCs, einem Bildschirm und einem durch Tasten gesteuerten, menüorientierten Betriebssystem. Sein Hauptanwendungsgebiet ist die Messung des zeitlichen Verlaufs sich wiederholender Prozesse. Dabei sind die Übergänge zwischen Transientenrecordern und Digitaloszilloskopen fließend.

4 Speicher und Mikroprozessoren

Dieses Kapitel dient dazu, die wesentlichsten elektronischen Bauelemente der digitalen Datenaufnahme vorzustellen; für die Beschreibung von Peripheriegeräten wie magnetischen oder mechanischen Systemen, Plattenlaufwerken, Bandlaufwerken usw. sei auf die reichlich vorhandene Literatur verwiesen.

4.1 Logikfamilien

Die in der Datenerfassung verbreiteten Elektronikbausteine, Speicher und Mikroprozessoren sind fast ausschließlich integrierte Bausteine aus Silizium. Bei der Diskussion der wichtigsten Logikfamilien beschränkt sich dieses Kapitel nur auf Si-Technologie. Für ultraschnelle Systeme wird vielleicht zukünftig GaAs Bedeutung erlangen, von einer großtechnischen Anwendung sind GaAs-Chips aber noch entfernt. Eine Ausnahme stellt die SCI-Knotenschnittstelle dar.

4.1.1 Bipolare Logik

In der bipolaren Logik werden als Schaltelemente bipolare Transistoren (pnp oder npn) benutzt. Die Integration einer größeren Anzahl von Transistoren und Widerständen auf einem Chip ist technisch möglich. Es gibt eine große Anzahl von verschiedenen bipolaren Technologien, die hier nicht weiter behandelt werden, wie z.B. die Dioden-Transistor-Logik (DTL) und die Widerstands-Transistorlogik (RTL).

4.1.1.1 Transistor-Transistor-Logik

Die TTL-Technik ist eine der am weitesten verbreiteten Logikfamilien. Sie beruht darauf, daß Transistoren als Schalter verwendet werden. Einen solchen Transistorschalter zeigt Abbildung 4.1. Die Transistoren arbeiten in der TTL-Technik im Sättigungsbetrieb, d.h., sie sind entweder voll leitend oder voll sperrend. Dadurch gibt es an den Transistoren nur geringe ohmsche Verluste. Der Umschaltvorgang eines Transistors von der Übersteuerung zur Untersteuerung ist relativ langsam, dies begrenzt die Geschwindigkeit der TTL-Chips.

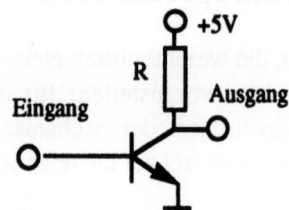

Abbildung 4.1: Ein Transistor als Schalter.

Die Schaltung hat die Eigenschaft, daß bei leitendem Transistor über den Widerstand ein Strom $I = U/R$ fließt, bei gesperrtem Transistor fließt der Strom durch den Widerstand zum relativ kleinen Eingangswiderstand des darauffolgenden Transistors. Dies bewirkt einen dauernden Leistungsverbrauch und damit dauernde Wärmeentwicklung des Chips. Die verschiedenen Abarten der TTL-Logik unterscheiden sich im wesentlichen durch unterschiedliche Widerstände. Während bei der ursprünglichen TTL-Technik 4 kΩ einen typischen Wert darstellen, ist der typische Widerstand bei LS-Chips ca. 40 kΩ. Damit ist die Wärmeentwicklung bei LS-Chips um eine Größenordnung niedriger. Höhere Widerstände verlangsamen allerdings die Rekombination der Elektron-Lochpaare in den Transistoren und damit die Schaltvorgänge, die Integration einer Schottky-Diode mit einem Silizium-Metallübergang kann dies wieder ausgleichen. Typische Verbrauchswerte für ein ALS-TTL-Chip sind 1 mW pro Gatter bei Ruhe und 1,2 mW pro Gatter bei 1 MHz Schaltvorgängen. Ein in TTL gebautes NAND-Gatter zeigt Abbildung 4.2.

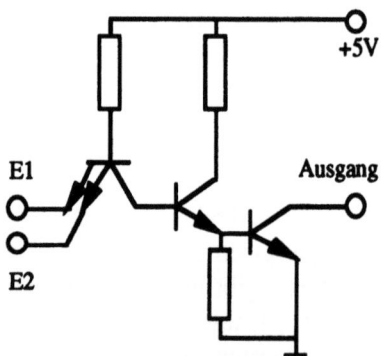

Legende: E1, E2 Eingänge

Abbildung 4.2: Ein NAND-Gatter in TTL-Logik

4 Speicher und Mikroprozessoren

Beim Design von TTL-Schaltungen ist besonders darauf zu achten, daß wegen des hohen Widerstandes LS-Chips nur wenige Eingänge treiben können und ansonsten Leistungstreiber benötigt werden.

4.1.1.2 ECL-Technik

Um mit bipolaren Transistoren wesentlich schneller schalten zu können, müssen sie nicht im Sättigungsbetrieb, sondern im aktiven Teil der Kennlinie betrieben werden. Diese Art wird auch als Stromschalterprinzip bezeichnet.

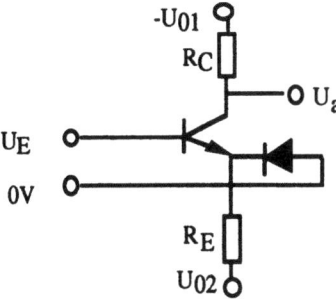

Abbildung 4.3: Prinzip des Stromschalters

Ist U_E negativ, so sperrt der Transistor, und es fließt ein Strom von 0 über die Diode und den Emitterwiderstand nach U_{02}, am Ausgang liegt U_{01} an. Wird die Eingangsspannung dagegen genügend positiv, so wird die Diode gesperrt und der Strom fließt über R_E und den Transistor zum Kollektorwiderstand. Wenn $U_{02} \gg U_E$ ist, so fließt über den Emitterwiderstand immer der konstante Strom $I = U_{02}/R_E$. Da der Strom bei leitendem Transistor auch noch über den Kollektorwiderstand fließt, kann man durch eine geeignete Wahl von R_C stets im aktiven Teil der Kennlinie des Transistors bleiben. Für schnelle Schaltzeiten müssen die Ausgänge niederohmig sein, deshalb liegen die typischen Werte für die Widerstände zwischen 100 Ω und 1 kΩ.

Der Leistungsverbrauch ist damit enorm, typischerweise werden pro Gatter 5 – 10 mW Wärme erzeugt. Damit lassen sich nur wenige ECL-Transistoren auf einem Chip integrieren. ECL-Rechner haben dadurch höhere Ausfallraten, und sie benötigen aufwendige Kühlung mit z.B.

Wasser oder Freon. Dafür lassen sie sich mit Taktfrequenzen von über 100 MHz betreiben, ECL ist die Technologie der traditionellen Großrechner.

Für die Verarbeitung schneller Impulse und schnelle Logikentscheidungen wird häufig in Experimenten ECL-Logik benutzt. Aufgrund der niedrigen Anzahl benötigter Transistoren ist hier die Wärmeentwicklung kein so schwerwiegendes Problem. ECL-Technik wird auch weiterhin in den Gebieten angewandt werden, in denen Schnelligkeit das wichtigste Kriterium ist, zum Beispiel bei hohen Zählraten.

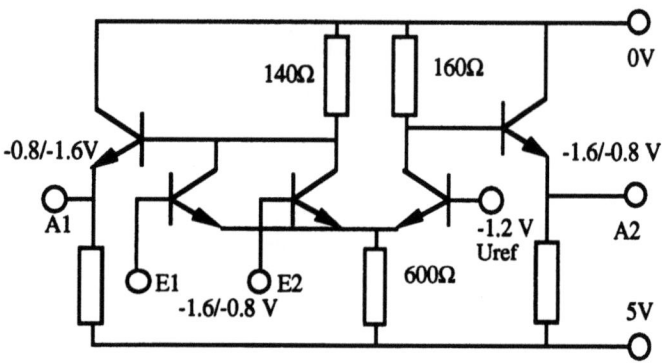

Abbildung 4.4: Ein Oder-Gatter in ECL-Logik

Wird beim Stromschalter nach Abbildung 4.3 die Diode durch einen Transistor ersetzt, so liegt an dessen Kollektor ein invertiertes ECL-Signal an. Damit können ECL-Signale differentiell übertragen werden, die Abstrahlungen auf Koaxialkabeln oder verdrillten Zweidrahtleitungen sind niedrig. Mit ECL-Signalen sind auf diese Weise hohe Datenübertragungsraten im GHz-Bereich möglich. Ein Beispiel dafür wird im Kapitel über den VME-Bus vorgestellt. Die Schaltung eines Oder-Gatters in ECL-Logik mit differentiellem Ein- und Ausgang zeigt Abbildung 4.4. Sollen ECL- und TTL-Bausteine miteinander verbunden werden, so muß jeweils ein Konverter dazwischengeschaltet werden.

4.1.1.3 NIM-Module

Als Elektronikstandard für die Kern- und Teilchenphysik haben sich die NIM-Module und Crates durchgesetzt. Es handelt sich dabei um ein

4 Speicher und Mikroprozessoren

modulares Elektroniksystem, das speziell für Laboranwendungen entwickelt wurde.

Der Rahmen, *Crate* genannt, bietet mechanischen Halt für 12 modulare Einschübe. Der Platz für einen Einschub wird als *Slot* bezeichnet. Das Crate bietet außerdem über Stecker an der Rückwand Stromversorgungen mit typischerweise ±6V, ±12V und ±24V. Die Kartengröße eines Moduls beträgt 220mm x 300mm, der Abstand ist mit 36 mm so groß, daß alle Module vollständig abgeschirmt sein können.

Die NIM-Logik beruht wie ECL auf Stromkopplung, um schnell zu sein. Die Logikpegel sind definiert als 0mA als logische Null, -16mA bedeuten eine logische Eins. An einem Widerstand von 50Ω ergibt dies eine Spannung von 0V bzw. -0,8V. Der Signaltransport erfolgt normalerweise über Koaxialkabel mit einer Impedanz von 50Ω. Es gibt zahlreiche Module hoher Qualität für den NIM-Standard:

- Diskriminatoren
- Verstärker
- Abschwächer
- Verzögerungsmodule
- Lineare Gatter
- Pulser
- Zähler
- logische Verknüpfungen
- und viele weitere Module.

Um mit TTL-Logik oder ECL-Logik kombiniert zu werden, müssen immer Signalkonverter eingesetzt werden, die es ebenfalls als NIM-Einschübe gibt.

4.1.2 Unipolare Logik, NMOS, PMOS und CMOS

Chips in unipolarer Logik benutzen Feldeffekttransistoren (FET) statt der bipolaren Transistoren. Ein großer Vorteil ist bereits, daß sich 15 mal so viele unipolare wie bipolare Transistoren auf einem Chip integrieren lassen. Mit ihren hochohmigen Eingängen benötigen sie nur eine geringe Treiberleistung, die geringen Ausgangsströme begrenzen zusammen mit der unvermeidlichen Kapazität zwischen Gate und Kanal die Geschwindigkeit. Die technologische Entwicklung stellt daher einen permanenten Kampf gegen den Kanalwiderstand und gegen die Kapazität zwischen Gate und Kanal dar.

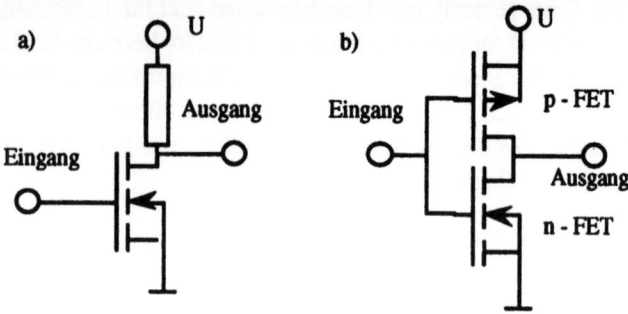

Abbildung 4.5: a) NMOS Gatter und b) CMOS Gatter

Durch die Verwendung einer Metalloxidschicht zwischen Gate und Kanal können diese voneinander isoliert werden, diese MOS-FETs sind die wichtigsten Bauelemente der heutigen Computertechnik. Je nach Dotierung des Kanals spricht man von PMOS oder NMOS-FETs. Ein NMOS-Gatter zeigt Abbildung 4.5a, wie man leicht sehen kann, fließt in ihm bei leitendem Kanal ein Ruhestrom. Diese dauernde Wärmeentwicklung begrenzt die Miniaturisierbarkeit, damit die minimale Kapazität und die Schaltgeschwindigkeit.

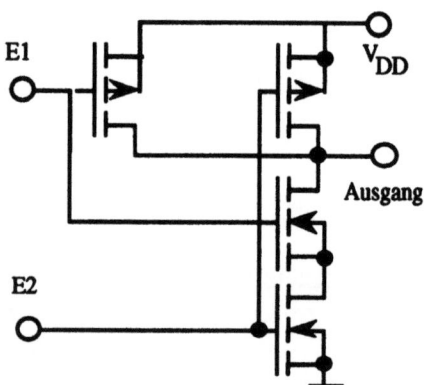

Abbildung 4.6: NAND-Gatter in CMOS

4 Speicher und Mikroprozessoren

Durch Einführung eines komplementären Gegentaktes kann dieser Ruhestrom vermieden werden, nur bei Umschaltvorgängen fließen kapazitive Ströme. Diese CMOS-Technologie (Abbildung 4.5b) erlaubt Chips mit einer statischen Leistungsaufnahme von weniger als 10µW pro Gatter und einer Leistungsaufnahme von ca. 100µW bei einer Million Schaltvorgängen pro Sekunde. Ein NAND-Gatter in CMOS zeigt Abbildung 4.6.

Während anfangs CMOS Chips vor allem dort, wo es auf niedrigen Stromverbrauch ankommt, wie bei Batteriebetrieb oder in Satelliten, eingesetzt wurden, werden heutige Mikroprozessoren und Speicherchips mit Millionen von Transistoren in CMOS gebaut. Die maximale Taktfrequenz ist bis 1992 auf 200 MHz gestiegen, mit neuartigen CMOS-Technologien sind bis 1995 etwa 500 MHz möglich. Dazu gehören die BiCMOS-Chips, die die Vorteile von internem CMOS und externen bipolaren Anschlüssen miteinander kombinieren. Damit lassen sich unter anderem Mikroprozessoren bauen, die viel leistungsfähiger als die leistungsfähigsten Großrechner, die in ECL-Technik gebaut werden können, sind. Als Konsequenz wird es in den 90er Jahren zumindest für skalare Anwendungen nur noch Mikroprozessoren geben.

Für die elektronische Signalverarbeitung ist der niedrige Stromverbrauch und die große Packungsdichte von CMOS-Chips interessant. Gerade BiCMOS hat die Möglichkeit, schnelle Signalleitungen (ECL) mit der hohen Integrationsdichte von CMOS zu verknüpfen, und wird daher in manchen Bereichen reine ECL-Lösungen verdrängen. Da die Entwicklungskosten für BiCMOS-Chips aber sehr hoch sind und sich der technologische Wandel bei Meßgeräten langsamer als in der Computerindustrie vollzieht, werden noch längere Zeit auch reine ECL-Systeme Verwendung finden.

4.1.3 Strahlungsschäden in integrierten Schaltungen

Kristallines Silizium wie auch Siliziumoxid werden durch Strahlung (Photonen wie Neutronen) beschädigt, dies kann die Störung oder gar Zerstörung von Schaltkreisen bewirken.

Bestrahlung mit Neutronen zerstört dauerhaft die Kristallstruktur, dadurch werden Ladungsträgerdichte und Lebensdauer der Ladungen gesenkt. Bei starker Dosis führen Neutronen auch zu einer Reduzierung der Beweglichkeit von Ladungen im Silizium.

Photonen haben auf reines Silizium nur einen geringen Effekt. Sie generieren Elektron-Lochpaare, die wieder rekombinieren können. An Grenzschichten zwischen Silizium und Siliziumoxidisolatoren dagegen gibt es den Effekt, daß Löcher in den sogenannten Traps eingefangen werden, die die Grenzschicht nicht mehr verlassen können, während die viel beweglicheren Elektronen das Oxid verlassen können. Diese Ansammlung positiver Ladungen kann die elektrischen Charakteristika einer solchen isolierenden Schicht langfristig verändern. Es entstehen zusätzliche np-Übergänge, die die Eigenschaften einer Schaltung verändern und sie damit zerstören.

Es gibt geeignete Maßnahmen, die Strahlungsfestigkeit integrierter Schaltungen zu erhöhen. Dazu gehören hohe Störstellendosierung, kleiner Aufbau der pn-Übergänge und die Verwendung dünner Isolatoren.

Bipolare Transistoren, die Stromverstärker sind, leiden sowohl unter Beschädigung der Kristallstruktur als auch unter durch Ionisation hervorgerufenen Dauerschäden. Typische npn-Transistoren (die angegebenen Zahlen gelten für den 2N1613) ändern nach einer Bestrahlung mit ca. 10^{13} Neutronen/cm^2, 10^{15} Elektronen von 2MeV pro cm^2 oder 10^{17} Photonen einer Co^{60}-Quelle ihre Verstärkung um 1 Prozent. Dies entspricht etwa 10^8 rad(Si). Hochfrequenztransistoren mit kleiner Basisregion leiden weniger unter Strahlung als Niederfrequenztransistoren mit großer Basis. Da bipolare integrierte Schaltungen, die meistens sehr schnell sein sollen, Transistoren mit hoher Grenzfrequenz enthalten, sind sie entsprechend strahlungsfest.

Dagegen sind MOS-Schaltungen als flächig aufgebaute Elemente auf Effekte an der Grenzschicht zwischen Silizium und Siliziumoxid empfindlich. Die sich dadurch verändernde Kenngröße ist die Schwellenspannung, die zum Umschalten des Kanals führt. Wenige 10^4 rad(Si) können diese Schwellenspannung bereits um bis zu 1 V verschieben, diese Verschiebung ist für PMOS- und NMOS-Transistoren unterschiedlich. Damit geht in CMOS-Chips die Symmetrie beider Kanäle verloren, es fließen Ruheströme, die schnell zu Überhitzung und zur Zerstörung der Schaltungen führen können.

4 Speicher und Mikroprozessoren

Ein nicht ganz zu vernachlässigendes Problem sind die durch Strahlung (auch kosmische) verursachten kurzzeitigen Störungen. Deponierte Ladungen im pCb-Bereich können das Umschalten elektronischer Schaltungen verursachen. Dieses Problem wird umso größer, je kleiner das Element und damit die kritische Schaltenergie wird. In dynamischen NMOS-Speichern werden durch kosmische Strahlung etwa 10^{-5} Fehler pro Bit und Tag erzeugt, CMOS-Speicher haben Fehlerraten, die ein bis zwei Größenordnungen kleiner sind. Paritätsüberprüfung und Fehlerbehebung (ECC) sind daher bei größeren Speichern (ab ca. 1 MB) unverzichtbar, vor allem bei Systemen, die nicht nur der kosmischen Strahlung ausgesetzt sind.

4.2 Speicher

Speicher sind elektronische Bauelemente, welche Daten oder Programme enthalten können. Grundsätzlich unterscheidet man zwischen Festwertspeichern ROM und Schreib-Lese-Speichern RAM.

4.2.1 Festwertspeicher (ROM)

Diese Form von Speichern enthält typischerweise Software, die z.B. nicht erst von anderen Medien in die Prozessoren geladen werden soll, oder Konstanten. Jedes Computersystem hat mindestens ein ROM, in dem sich die für den Systemstart notwendige Software, die *Bootsoftware*, befindet. Viele Systeme haben darüber hinaus mehr oder weniger umfangreiche Teile des Betriebssystems im ROM, die *Firmware*.

In Datenerfassungssystemen enthalten ROMs häufig die Software und Konstanten, die für Onlineberechnungen oder Entscheidungen notwendig sind. Das bei VME-Systemen häufigste Betriebssystem OS 9 kann zum Beispiel vollständig aus ROMs geladen werden und benötigt dann keine externe Peripherie wie Floppys oder Magnetplatten. Diese ROM-Fähigkeit ist vor allem dann notwendig, wenn eine große Anzahl von Onlineprozessoren benötigt wird. Für externe Peripherie ist für diese meistens kein Platz, bei einem Neustart alle Prozessoren über das Netzwerk wieder mit Software zu laden, würde viel zu lange dauern und wertvolle Zeit für das Experiment kosten.

Im folgenden werden die verschiedenen ROM-Formen kurz vorgestellt.

ROM: Speicherbaustein, der vom Hersteller nach Kundenangaben einmal programmiert werden kann. Diese werden in kommerziellen Produkten, die in großen Stückzahlen produziert werden, eingesetzt.

PROM: Speicherbaustein, der vom Anwender einmal mit Software geladen werden kann.

EPROM: Speicherbaustein, der programmiert und mit Hilfe intensiver UV-Bestrahlung wieder gelöscht werden kann. Dieser Typ wird bei niedrigen Stückzahlen und Eigenentwicklungen häufig gesockelt eingesetzt. Softwareerweiterungen oder Verbesserungen können eingebracht werden, indem die EPROMs ausgetauscht werden. Sie können dann gelöscht und neu beschrieben werden.

EEROM: Speicherbaustein, der programmiert werden kann und bei dem einzelne Speicherstellen durch elektrische Signale wieder gelöscht werden können. Dieser Festwertspeicher ist besonders geeignet, um Konstanten oder Voreinstellungen zu enthalten. Sie liegen beim Einschalten sofort an, können aber jederzeit schnell ohne Eingriff in die Hardware geändert werden. Bekanntes Beispiel für EEROMs sind die *Set up*-Einstellungen von Terminals oder Druckern. Geometriekonstanten von Detektoren oder Abschneideparameter für Onlineentscheidungen sind in der Datenerfassung Beispiele für Größen, die in EEROMs untergebracht werden.

Typische Bauformen aller ROMs sind 8 bit Datenbreite und eine Kapazität zwischen $8 * 1Kb$ und $8 * 128 Kb$. Die Zugriffszeiten für Lesevorgänge betragen ca. 100 ns oder etwas mehr. Schreibvorgänge in die programmierbaren ROMs dauern viel länger.

4.2.2 Schreib-Lesespeicher (RAM)

Diese Form von Speichern ist veränderlich und enthält alle Formen von Programmen und Daten, die nicht fest eingebaut sind.

4.2.2.1 Statisches RAM

Ein statisches RAM besteht aus Flip-Flop-Schaltungen, die heute meistens in CMOS-Technik hergestellt werden. Ihre großen Vorteile sind die kurze Zugriffszeit von bis herunter zu 10 ns und der äußerst geringe Strom-

4 Speicher und Mikroprozessoren

verbrauch, insbesondere bei Ruhe. Nachteile sind, daß pro Bit 6 Transistoren benötigt werden und dadurch die Kapazität niedrig ist, 128 Kb entsprechen einer Million Transistoren auf dem Chip. Dadurch ist der Preis pro MB hoch.

Einsatzgebiete für statische RAMs sind schnelle Register, z.b. für die Pufferung von Daten aus Flash-ADCs, kleine Speicher, Cache-Speicher für schnelle Prozessoren und batteriebetriebene Systeme wie z.b. *Laptops*.

In der Datenerfassung werden häufig statische FIFO (*First In First Out*)-Speicher benutzt. Diese Schieberegister ermöglichen, die in zufälliger Zeitfolge eintreffenden Daten vor der Auslese zu puffern und damit die Totzeit eines Systems erheblich zu reduzieren. FIFO-Speicher gibt es bisher nur mit niedriger Kapazität von wenigen KB.

4.2.2.2 Dynamisches RAM

Bei dynamischen Speicherchips werden die Bitmuster in winzige, integrierte Kondensatoren geladen und dort gespeichert. Üblicherweise werden die Speicherzellen in Spalten und Zeilen angeordnet, wie Abbildung 4.7 zeigt. Da Verlustströme unvermeidbar sind, müssen diese Bitmuster zeilenweise nach einer gewissen Zeit in einen Zwischenspeicher umkopiert und dann zurückgeschrieben werden, wobei sie verstärkt werden können (*Refresh*).

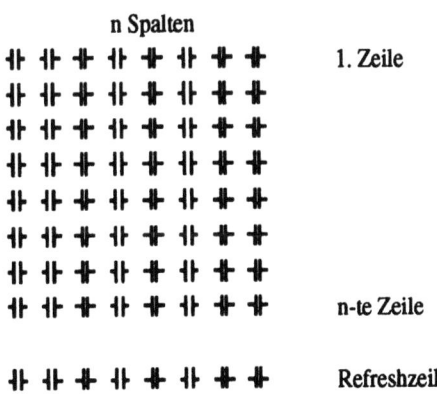

Abbildung 4.7: Anordnung der Speicherzellen in einem dynamischen RAM.

Der Vorteil hierbei ist, daß pro Bit nur 1-2 Transistoren benötigt werden und so große Kapazitäten erreicht werden können, deren technologische Grenzen sich jeweils innerhalb nur weniger Jahre vervielfachen (1, 4, 16, 64 Mb). Nachteilig ist, daß sie einen höheren Stromverbrauch haben, langsamer sind (ab ca. 50ns), und daß entweder die CPU oder der Speichercontroller die Auffrischvorgänge durchführen muß. Damit besteht für den dynamischen Speicher eine gewisse Totzeit. Während dies für asynchrone Speicher und Computersysteme ohne große Bedeutung ist, kann im synchronen Teil eines Experimentes eine solche Totzeit häufig nicht vertreten werden. Im allgemeinen werden in einem großen Experiment daher statische und dynamische RAMs benutzt werden. In kleinen statischen Speichern wird direkt hinter den Wandlern die Information gepuffert, um die Totzeit der Datenerfassung so klein wie möglich zu halten. Dann werden die Daten zu größeren dynamischen Speichern geführt, in denen sie zusammengefaßt, und dann zu den Auslesecomputern geleitet werden.

In Computern wird der große Hauptspeicher (16 bis 512 MB sind heute üblich) aus Kostengründen meistens aus dynamischen Speichern aufgebaut. Wenn diese für schnelle Prozessoren zu langsam sind, werden sie meistens durch ein kleines statisches RAM ergänzt, den sogenannten *Cache-Speicher*. Es ist eine empirische Tatsache, daß Programme während eines Zeitabschnitts häufig nur einen kleinen Teil ihrer Daten und ihres Programmcodes mehrmals benutzen, z.B. in Programmschleifen. Wenn der Prozessor oder Speichercontroller daher dafür sorgt, daß gerade häufig benutzte Bytes im Cache gespeichert werden, kann eine durchschnittliche Trefferrate von mehr als 90% erzielt werden. Dies bewirkt eine Leistungserhöhung, die 90% der möglichen Steigerung durch ausschließliche Verwendung schneller statischer RAMs entspricht, aber nur einen Bruchteil der Kosten verursacht.

4.2.3 Speicheradressierung

Daten müssen in einem Speicher an einem genau festgelegten Platz abgelegt werden, damit man sie wiederfindet. Dieses ist bei FIFO-Speichern einfach. Auch die LIFO (Last In First Out)-Systeme haben einen klaren Algorithmus, Daten wiederzufinden, das oberste Wort in diesem auch Stapel oder *Stack* genannten Speicher ist das zuletzt geschriebene.

4 Speicher und Mikroprozessoren

Bei Speichern mit wahlfreiem Zugriff dagegen muß es zu jedem Datenwort eine eindeutige Adresse geben. Diese ist normalerweise innerhalb eines Speichers fortlaufend. Der Inhalt des an den Adreßleitungen eines Speicherchips anliegenden Binärworts bezeichnet die Position des Wortes innerhalb des RAMs, wie am Beispiel eines statischen 1024 * 4bit RAMs in der Abbildung 4.8 gezeigt wird.

Das 4 bit breite Datenwort liegt auf den 4 Datenleitungen an. Es wird durch die 10 Adreßleitungen ausgewählt. Die Chip Auswahl wählt bei mehreren parallelen Speicherbausteinen einen von ihnen aus. Die Schreib/Lese-Leitung bestimmt durch ihren Pegel, ob Daten in den Speicher geschrieben oder daraus gelesen werden sollen.

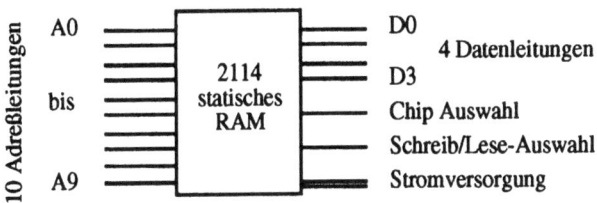

Abbildung 4.8: Ein statisches 1024 * 4bit RAM

Bei größeren dynamischen RAMs werden die Adressen meistens auf den Adreßleitungen in eine Zeilenadresse und eine Spaltenadresse gemultiplext, die nacheinander angelegt werden. Außerdem ist meistens noch eine Steuerleitung für die Speicherauffrischung vorhanden.

4.2.4 Logikentscheidungen durch Speichermodule

In Experimenten entsteht häufig das Problem, komplizierte Logikentscheidungen mit 8 bis 24 digitalen Einbiteingängen und einigen Ausgängen (4 bis 16 bit) zu fällen. Zum Beispiel kann eine Reihe von Diskriminatoren oder sonstigen Triggern den Eingang belegen, aus diesem Muster soll der Ereignistyp und das weitere Verfahren (Aufzeichnen oder Verwerfen) bestimmt werden.

Der Aufbau einer solchen Schaltung aus diskreten Logikbausteinen ist häufig sehr kompliziert, die Entwicklung spezieller hochintegrierter Logikbausteine (*Gate Array*) zu teuer oder dauert zu lange in der Entwicklung. Auch ist die Flexibilität solcher Hardwarelogik zu gering, eine vom Anwender programmierbare Logik wäre vorzuziehen. Software in Mikroprozessoren dagegen ist meistens zu langsam, eventuell wäre ein Signalprozessor ein ebenfalls nicht ganz einfach zu implementierender Ausweg.

Eine elegante und schnelle Lösung ist die Logikentscheidung durch Speichermodule, auch *RAM Box* oder *look up unit* genannt (siehe Abbildung 4.9). Die logischen Eingänge werden auf die Adreßleitungen eines Speichersystems gelegt. So gibt es für jede Kombination von Eingangssignalen genau ein Datenwort im Speicher. Dieses Datenwort ist das gewünschte Bitmuster am Ausgang, das nach einer einzigen Leseoperation zur Verfügung steht.

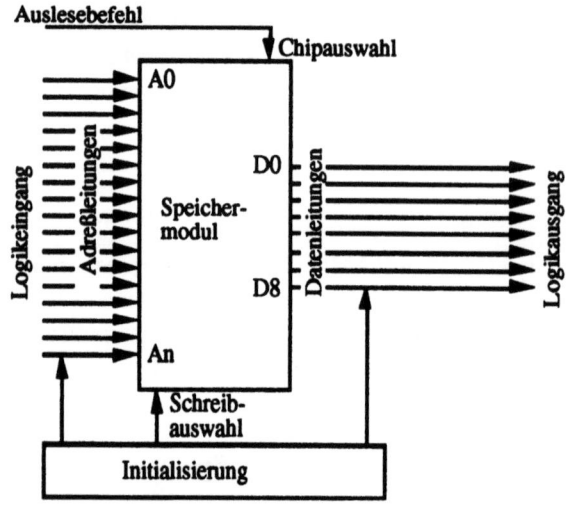

Abbildung 4.9: Verwendung eines Speichermoduls für schnelle Logikentscheidungen.

Bei der Initialisierung des Systems werden die gewünschten Bitmuster in das Speichermodul geladen. Diese Bitmuster können jederzeit verändert

4 Speicher und Mikroprozessoren

werden, damit hat der Anwender die volle Flexibilität erhalten. Im Betrieb adressieren die Eingangsbits jeweils das richtige Datenwort, so daß für die Logikentscheidung nur die Auslesezeit des Speichers benötigt wird. Bei Verwendung eines statischen Speichers kann also eine komplexe, beliebig programmierbare Logikentscheidung innerhalb von ca. 20ns, der Zugriffszeit solcher Speicherchips, gefällt werden.

4.2.5 Beispiel für ein Datenerfassungssystem mit Speicher

In diesem Beispiel soll gezeigt werden, wie mit etwas Logik und einem Speicher in unserem Beispiel aus Kapitel 3.7, der getriggerten Auslese eines Szintillators, die Daten im *list mode* erfaßt werden können. Abbildung 4.10 zeigt, wie die Schaltung aus Abbildung 3.9 (grau) entsprechend ergänzt werden kann. Um die Datennahme zu erlauben, wird die Schreibauswahl geschaltet. Der Trigger steuert einen Zähler, der fortlaufende Adressen erzeugt. Das Chipauswahlsignal führt dazu, daß der Wert des ADC in diese Speicherzelle geschrieben wird. Nach mehreren Ereignissen liegen diese sequentiell hintereinander im RAM, wir haben also *list mode* Daten erzeugt.

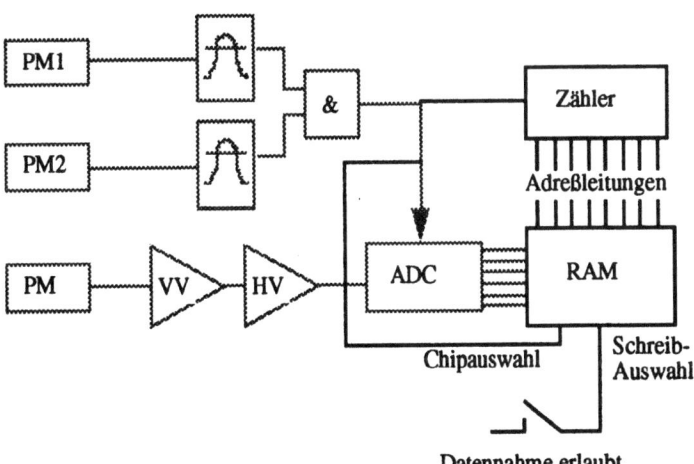

Abbildung 4.10: Beispiel für die sequentielle Speicherung von Daten in einem Speicherchip

Einige Dinge müssen für ein vollständiges System noch hinzugefügt werden. Der zeitliche Ablauf, insbesondere die Konversionszeit des ADCs muß berücksichtigt werden. Es fehlen einige Logikgatter für die Initialisierung und für die Überlaufbehandlung, sowie der Computeranschluß, der den Speicher ausliest.

4.3 Mikroprozessoren

Ein Mikroprozessor ist die auf einem Chip integrierte Zentraleinheit (CPU) eines Computers. Durch die hohe Integration sind kürzeste Signalwege möglich, durch moderne Chiptechnologie werden Taktfrequenzen oberhalb von 100 MHz erlaubt. Damit sind Mikroprozessoren mindestens so leistungsfähig wie die leistungsfähigsten diskret aufgebauten Prozessoren; zukünftige Rechner werden fast ausschließlich Mikroprozessoren enthalten.

4.3.1 Prinzipielle Funktionsweise von Mikroprozessoren

Eine CPU kann
–Daten verarbeiten, wie z.B. rechnen, logisch verknüpfen, vergleichen,
–Daten mit anderen Chips wie Speichern und Portbausteinen austauschen und
–Rechnersysteme steuern.

Wesentliche Komponenten einer jeden CPU sind, auch wenn sie häufig anders bezeichnet werden:
–mindestens eine Steuereinheit
–meistens ein Programmspeicher
–mindestens eine arithmetisch-logische Einheit (ALU)
–Daten-, Adreß- und/oder Universalregister und
–spezielle Register wie das Flag-Register, der Programmzähler oder der Stapelzeiger.

Abbildung 4.11 zeigt den vereinfachten Aufbau eines einfachen Mikroprozessors, genauer gesagt einer mikroprogrammierten CPU.

4 Speicher und Mikroprozessoren 51

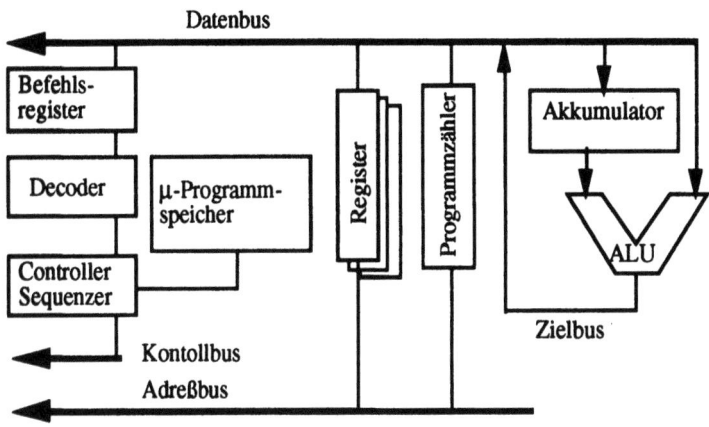

Abbildung 4.11 : Vereinfachtes Schaltbild eines Mikroprozessors

Soll ein Maschinenbefehl in einem Programm ausgeführt werden, so wird er in das Befehlsregister geladen. Der Programmzähler wird um die Länge des Befehls hochgezählt und zeigt damit auf den nächsten Befehl. Programmsprünge bewirken, daß der Programmzähler auf eine andere Adresse umgesetzt wird. Aufrufe von Unterprogrammen verändern ebenfalls den Programmzähler, zusätzlich wird die Rücksprungadresse auf dem Stapel (*Stack*) abgelegt und bei Rückkehr in das rufende Programm wieder vom Stapel genommen. Der Stapelzeiger ist das Register, das auf das oberste Element des Stapels zeigt.

Der Befehl wird auf seine Gültigkeit überprüft und dekodiert, d.h. in eine Reihe von Mikrobefehlen umgewandelt, die jeweils das Schalten einer Reihe von Gattern bewirken. Das Mikroprogramm für jeden Makrobefehl steht im Mikroprogrammspeicher. Der Controller/Sequenzer als die zentrale Steuereinheit steuert nach diesem Programm die Gatter im Prozessor. Häufig kann, während eine Instruktion durchgeführt wird, bereits die nächste dekodiert und die übernächste geladen werden. Dieses *Pipelining* lastet die verschiedenen Teile der CPU viel besser aus und erhöht die Leistung erheblich.

In einem noch weiter vereinfachten Bild dieses Prozessors wird in Abbildung 4.12 gezeigt, wie eine Addition durchgeführt wird. Die Inhalte der Register R1 und R2 sollen addiert und in Register R0 abgelegt werden.

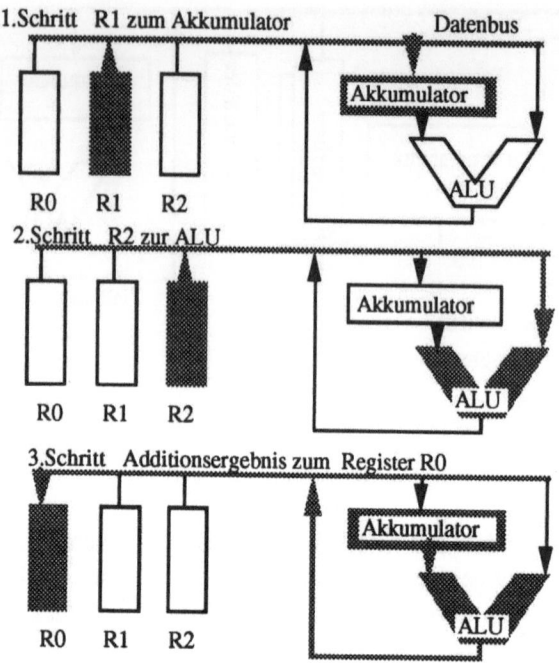

Abbildung 4.12: Addition der Inhalte der Register R1 und R2, R0 := R1 + R2.

Dieses geschieht in drei Schritten. Im ersten Schritt wird der Ausgang des Registers R1 und der Eingang des Akkumulators auf den (internen) Datenbus gelegt, dadurch wird der Inhalt von R1 in den Akkumulator geladen, R1 behält seinen Inhalt. Im nächsten Zyklus werden die bisher leitenden Gatter wieder geschlossen und R2 wird mit dem Zwischenspeicher am Eingang der ALU verbunden. Die beiden Summanden liegen nun an der arithmetisch-logischen Einheit an. Erst im dritten Schritt kann nun die Summe gebildet werden, dies ist eine einfache logische Operation aus einem exklusiven Oder (XOR) pro bit und einem Weiterreichen der jeweiligen Überläufe an die höhere Stelle. Das Ergebnis wird direkt wieder über den Datenbus zum Zielregister, hier R0, transportiert. Der Makrobefehl "Addition der Inhalte von zwei Registern und Ablage in einem dritten" besteht bei diesem Prozessor also aus drei Mikrobefehlen, er benötigt deshalb 3 Taktzyklen.

4 Speicher und Mikroprozessoren

Aus der Abbildung 4.12 ist auch deutlich zu erkennen, daß dies bei einem so aufgebauten Prozessor das prinzipielle Minimum darstellt. Der Flaschenhals ist der Datenbus, der bei jedem Mikrobefehl benutzt wird. Will man den Prozessor schneller machen, so muß man von jedem Register eine direkte Verbindung zur ALU schaffen, so daß die Daten parallel fließen können. Dies ist ein einfaches Beispiel dafür, wie durch Erhöhung der Anzahl der Gatter auf dem Chip die Geschwindigkeit erhöht werden kann.

Mit entsprechend vielen Gattern lassen sich Prozessoren aufbauen, die (fast) alle Registeroperationen innerhalb eines Taktzyklus durchführen können. Dies macht sich die RISC-Technologie (siehe weiter unten in diesem Kapitel) zu Nutzen.

4.3.2 Klassifizierung von Mikroprozessoren

Es gibt verschiedene Kriterien, Mikroprozessoren zu klassifizieren. Die bekannteste ist die nach der Bitbreite. Um halbwegs genau zu sein, ist die Angabe von mindestens 3 Zahlen notwendig: der internen Wortlänge, der Breite des Datenbusses und die Breite des Adreßbusses. Tabelle 1 zeigt diese Größen für einige gängige Mikroprozessoren.

Die zweite Klassifizierung richtet sich nach dem Umfang des Befehlssatzes. Die Leistung der bisher beschriebenen mikroprogrammierten Prozessoren wurde häufig dadurch erhöht, daß ihnen immer leistungsfähigere Instruktionen wie z.B. Blockoperationen hinzugefügt wurden. So entstanden die CISC-Prozessoren (Complex Instruction Set Computer). Der passive Mikroprogrammspeicher nimmt dabei einen erheblichen Teil der integrierbaren Transistoren in Anspruch, so daß für aktive Elemente weniger Gatter vorhanden sind. Diese zusätzlichen Instruktionen wurden aber nur selten benutzt, insbesondere die herstellerunabhängigen Compileranbieter sind selten in der Lage, diese rechtzeitig in ihren Compilern zu berücksichtigen. Die Folge davon ist, daß ein großer Teil des Potentials dieser Chips ungenutzt bleibt. So werden die meisten der 80386 und 80486-Prozessoren noch heute (und vorraussichtlich noch lange) mit 8088-Software gequält.

Typ	Registerbreite	Datenbreite	Adreßbreite
Z80	8(16)	8	16
8088	16	8	20
68000	32	16	24
68020/30	32	32	32
80386	32	32	32
µVAX	32	32	32
88110	64	64	64

Tabelle 1: Bitbreiten einiger gängiger Mikroprozessoren

Als Gegenentwicklung entstanden die RISC-Prozessoren (Reduced Instruction Set Computer) mit reduziertem Befehlssatz. Hier wurde auf den Mikroprogrammspeicher vollständig verzichtet, (fast) alle Befehle können direkt von der Hardware in nur einem Taktzyklus durchgeführt werden. Dafür wurde der Umfang des Befehlssatzes stark auf die unverzichtbaren Instruktionen gekürzt und damit den Wünschen der Compileranbieter Rechnung getragen. Zwar benötigt ein RISC-Programm deutlich mehr Instruktionen als ein CISC-Programm, dennoch konnte ein erheblicher Geschwindigkeitsfortschritt erzielt werden. Im Bereich hoher Rechenleistung konnten daher RISC-Prozessoren die CISC-Prozessoren teilweise verdrängen.

Seit es möglich ist, mehr als eine Million Transistoren auf einem Chip zu integrieren, können auch CISC-Befehlssätze zumindest teilweise direkt in Hardware umgesetzt werden. Der MC68040 z.B. benötigt im Mittel nur noch 1,3 Taktzyklen pro Befehl, und das bei seinem extrem leistungsfähigen Befehlssatz. Solche klassischen CISC-CPUs werden ebenfalls von der Werbung gerne als RISC bezeichnet. Andererseits steigern RISC-Anbieter deren Leistung durch Erweiterung des Befehlssatzes, so daß die Schere zwischen RISC und CISC sich wieder schließt.

4.3.3 Der MC68020-Prozessor

In Datenerfassungssystemen hat sich die Familie der von Motorola gebauten MC680x0-Prozessoren als de-facto-Standard durchgesetzt. Als

4 Speicher und Mikroprozessoren

Beispiel wird hier der MC68020 als Modell mit mittlerer Komplexität und Leistung vorgestellt. In einem Buch über Datenerfassung ist eine intensive Beschäftigung mit diesem Prozessor auch eine gute Vorbereitung auf den VME-Bus (Kapitel 6.2.3), der im Prinzip ein verlängerter MC680x0-Bus ist.

Dem normalen Benutzer stehen 8 Datenregister, 7 allgemeine Adreßregister, ein Stapelzeiger für den Benutzer, ein Benutzerprogrammzähler und ein Condition Code Register zur Verfügung. Auf Systemebene verfügt der Supervisor zusätzlich über je einen Stapelzeiger für Systemkontrolle und Interrupts (siehe weiter unten) sowie einige zusätzliche Register, die gegen normale Benutzersoftware geschützt sind.

Abbildung 4.13 zeigt die Anschlußbelegung eines MC68020. Die Bedeutung der wichtigeren Leitungen wird im Folgenden erklärt.

Adreßbus (A0 bis A 31) und Datenbus (D0 bis D31) liegen als parallele 32-bit-Busse an und sind nicht gemultiplext. Über die drei Leitungen FC0 bis FC2 informiert der Prozessor die anderen Komponenten des Systems, ob er zur Zeit Daten oder Programme liest bzw. schreibt. Die Größe eines angeforderten Speicherplatzes kann 8, 16 oder 32 bit betragen, diese Größe wird durch die Leitungen SIZ0 und SIZ1 festgelegt. Die restlichen Leitungen auf der linken Seite dienen dem asynchronen Busprotokoll, sie beinhalten Anforderungen der CPU bzw. die Bestätigungen durch andere Komponenten. Die Leitungen AS (Address Strobe) bzw. DS (Data Strobe) besagen z.B., daß das auf den Bus gelegte Adreß- bzw. Datensignal nun elektrisch stabil und damit gültig ist und von anderen Komponenten angenommen werden soll. Die Schreib/Leseleitung R/W legt die Richtung des Datenaustauschs fest.

Die Leitungen auf der rechten Seite haben besondere Funktionen, die für den Einsatz in Datenerfassungssystemen wichtig sind. Fünf Leitungen dienen der Behandlung von Unterbrechungen (Interrupts). Mit diesen kann eine Komponente des Gesamtsystems eine Unterbrechung des momentanen Programms beantragen, um eine besondere Routine zur Behandlung des Interrupts anzufordern. Beispielsweise kann ein Trigger einen Interrupt auslösen, um die Auslese eines Ereignisses aus einem Speicher zu bewirken. Der Interrupt wird vom Prozessor auf der Leitung IPEND quittiert.

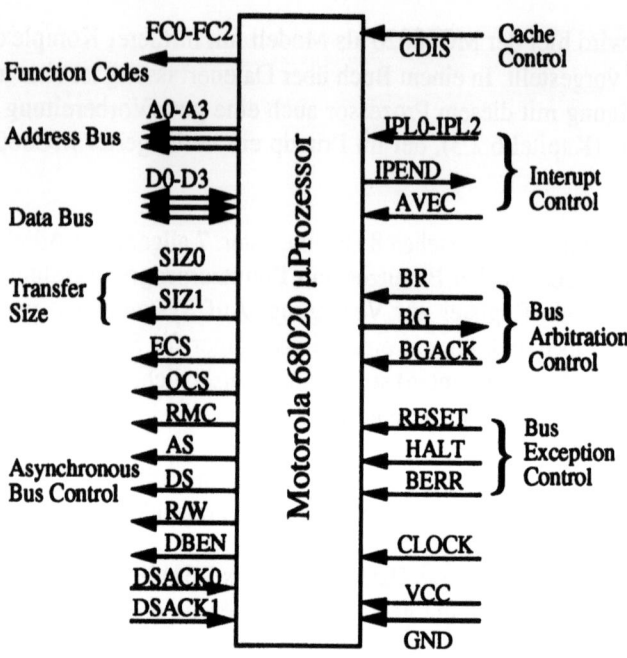

Abbildung 4.13: Der MC68020-Prozessor

Die Priorität des Interrupts kann zwischen 0 und 7 liegen, dies wird vom Anforderer auf den Leitungen IPL0 bis IPL2 festgelegt. So kann man zum Beispiel die Priorität der Auslese über die angeschlossener Terminals setzen, so daß die Benutzerprogramme oder Diagnosewerkzeuge den normalen Datenfluß nicht aufhalten. Allerdings sollte eine zentrale Konsole mit höchster Priorität vorhanden sein, die jederzeit die Kontrolle über das Gesamtsystem übernehmen kann, sonst hilft nur noch die *RESET*-Leitung weiter.

Drei weitere Leitungen dienen der sogenannten *Bus Arbitration*, also dem Schiedsspruch über die Zuordnung der Busleitungen. Will eine Komponente den Bus für sich reservieren, so setzt sie auf der BR Leitung eine Busanforderung ab. Mit BG gibt der Prozessor die Kontrolle über seinen Bus ab, BGACK dient dem weiteren Protokollablauf. Interrupts und Bus Arbitration des MC680x0 werden im Kapitel über den VME-Bus ausführlicher erläutert. Die Darstellung der Funktionsweise eines solchen

4 Speicher und Mikroprozessoren

Prozessors und des Zusammenspiels mit seinen Komponenten kann im Rahmen dieses Buches natürlich nur sehr oberflächlich behandelt werden und dem allgemeinen Verständnis dienen. Wer sich damit näher beschäftigen will, kann nicht umhin, im einschlägigen Manual die genaue Beschreibung zu studieren.

4.3.4 Transputer

Der Transputer ist ein von der britischen Firma Inmos entwickelter RISC-Prozessor, der zusätzlich vier schnelle serielle Verbindungen (*Links*) auf dem Chip besitzt, die in die Prozessorarchitektur integriert sind. Der Prozessor kann die Daten auf den Links direkt als Operanden benutzen oder Ergebnisse auf die Links schreiben. Damit können verteilte Anwendungen geschrieben werden. Einsatzgebiete sind daher zum einen Parallelrechner, zum Beispiel für Gitterrechnungen, zum anderen Steuerungsrechner. Kontinuierliche Datenströme von zwei oder drei Links können durch den Prozessor miteinander verknüpft werden, und das Ergebnis kann auf einem weiteren Link ausgegeben werden. Dieses Verhalten ist zum Beispiel für den Aufbau eines digitalen Triggers vorteilhaft, wie das Beispiel des ZEUS-Experimentes in Kapitel 7 zeigt. Auch kann der Transputer eingesetzt werden, um Daten zu komprimieren.

Die Übertragungsleistung der Links reicht für die Übertragung von Triggerinformationen ebenso aus wie für die Datenraten kleinerer Experimente. Während die ersten Transputerchips (der 16-bit Prozessor T212 und der 32-bit Prozessor T414) nur Ganzzahloperationen beherrschen, haben neuere (T800 oder T805) auch eine integrierte Fließkommaeinheit. Der zur Zeit leistungsfähigste Transputer, der T9000 leistet bei einer Taktfrequenz von 50 MHz bis zu 25 MFLOPS. Bedenkt man die guten Voraussetzungen für den Bau massiv paralleler Systeme, dann kann der T9000 zu einer Hardwarebasis für Systeme im GFLOPS-Bereich werden. Problematisch für eine weite Verbreitung in massiv parallelen Systemen sind allerdings die aufgetretenen Verzögerungen bei der Entwicklung dieses Chips.

Über die Links können Transputer entweder direkt miteinander oder aber mit speziellen Chips verbunden werden, die die Verbindungen dynamisch schalten können. Die Programmierung des Transputers erfolgt entweder in OCCAM, einer speziell auf parallele Programmierung zugeschnittenen

Sprache, oder aber in höheren Programmiersprachen wie FORTRAN oder C.

4.3.5 Überblick über einige weitere Prozessortypen

Einige weitere in Datenerfassungssystemen häufig eingesetzte Prozessoren werden in Tabelle 2 vorgestellt. Diese Tabelle ist bei weitem nicht vollständig, sie enthält aus jeder Familie nur einen Typ, nicht immer den neuesten, und kann deshalb nicht als Systemwertung oder Vergleich dienen. Vielmehr soll sie die Vielzahl und die Gemeinsamkeiten der verschiedenen Typen zeigen. Insbesondere der Leistungsvergleich bezieht sich auf die gesamte Familie und ist nur ein ungefährer Anhaltspunkt, der sich durch Neuankündigungen ständig wieder verändern wird.

Da es durchaus wahrscheinlich ist, daß der 88110 im VME-Bereich Bedeutung erlangen wird, soll hier noch kurz auf ihn eingegangen werden. Dieser 64-bit Prozessor mit 1.5 Millionen Transistoren besitzt 32 64-bit Universalregister und 32 80-bit Fließkommaregister. Auf dem Chip sind zehn Ausführungseinheiten integriert, darunter zwei Ganzzahleinheiten, zwei Grafikeinheiten und eine 80-bit Fließkommaeinheit. Der Prozessor ist in der Lage, pro Takt zwei Instruktionen gleichzeitig durchzuführen, die sogar zu verschiedenen Programmen gehören dürfen. Diese Eigenschaft wird superskalar genannt. In 0,8 µm CMOS Technik mit 50 MHz getaktet erreicht er bis zu 100 (RISC)MIPS. Mittelfristig sind Typen geplant, die in BiCMOS mit über 100 MHz getaktet werden und bis zu 5 Instruktionen gleichzeitig ausführen können. Damit kann in ein Datenerfassungscrate eine skalare Rechenleistung integriert werden, die der Gesamtleistung der größten heute existierenden Rechenzentren entspricht.

Die Firma Digital Equipment, die im Bereich verteilter Systeme und im technisch-wissenschaftlichen Anwendungsbereich einer der Marktführer ist, hat 1992 eine neue superskalare 64-bit RISC-Architektur unter dem Namen Alpha AXP vorgestellt, deren Einstiegsmodell, der 21064-Prozessor, 300 (RISC)MIPS leistet und deren Leistung innerhalb von 25 Jahren nach Herstellerangaben um einen weiteren Faktor 1000 erhöht werden soll. Es existieren Alpha-Boards für den VME-Bus. Für Serversysteme mit Alphaprozessoren ist der Futurebus verfügbar, in Workstations und kleinen Servern der Turbochannel.

4 Speicher und Mikroprozessoren

RISC-Mikroprozessoren desselben Leistungsbereichs werden auch von anderen Herstellern (z.B. IBM RS6000, HP 9000, SUN SPARC,...) erwartet bzw. schon angeboten. Leider sind all diese Prozessoren zueinander inkompatibel, da sie unterschiedliche Befehlssätze haben.

CPU-Leistung wird daher zukünftig weniger der Engpaß in Datenerfassungssystemen sein als die Datentransportkapazitäten, die damit zusammenhängenden Probleme werden im Kapitel über die Bussysteme ausführlich diskutiert.

Prozessor	68020	80386	µVAX	R3000	88110	Alpha
Hersteller	Motorola	Intel	Digital	Mips	Motorola	Digital
Befehlssatz	CISC	CISC	CISC	RISC	RISC	RISC
Datenregister	8	4	0	0	32	0
Adressregister	7	2	0	0	0	0
Universalregister	0	0	12	32	32	32
Fließkommapr.	68881	80387	Standard	R3010	Intern	Intern
Leistung*	0.1-20	0.1-20	1-50	6-50	10-100	100-

* Die Leistungsangabe ist eine ungefähre Angabe der Leistung der gesamten Familie Ende 1992 in Einheiten der VAX 11/780-Leistung und kann je nach verglichenem Programm und verwendeter Programmiersprache erheblich schwanken.

Tabelle 2 : Aufstellung einiger wesentlicher Prozessortypen.

4.3.6 Signalprozessoren

Digitale Signalprozessoren (DSP) sind eine besondere Form von Mikroprozessoren, die speziell für Operationen auf elektronischen Signalen gebaut werden. Solche Operationen sind:
–Filtern von Signalen (z.B. Hochpaß, Tiefpaß, ...)
–Verknüpfung von Signalen (z.B. schnelle Summen)
–Vergleich von Signalen,
–Signalformung (Integration, Differentiation)
–Signalverstärkung mit beliebigen Kennlinien
–allgemeine Signaltransformation, wie Fouriertransformationen.

Dafür muß ein DSP speziell darauf optimiert sein, auf mit gleichmäßig hoher Geschwindigkeit hereinfließenden Daten Operationen durchzuführen. Ein elektronisches Filter unter Einsatz eines DSP zeigt Abbildung 4.14a, ein Verknüpfungsglied Abbildung 4.14b.

Werden genügend schnelle Wandler (FADCs und DACs) und Signalprozessoren verwendet, sind Abtastraten von vielen MHz möglich. DSPs können damit in vielen Bereichen spezielle Elektronik ersetzen, der technische Aufwand und damit der Preis ist durch den großen Einsatzbereich der Komponenten oft niedriger als bei analoger Signalverarbeitung. Da das Verhalten der Schaltung ausschließlich durch die Software im Signalprozessor bestimmt wird, sind DSP-Schaltungen flexibler als Analogelektronik und können Aufgaben größerer Komplexität erfüllen.

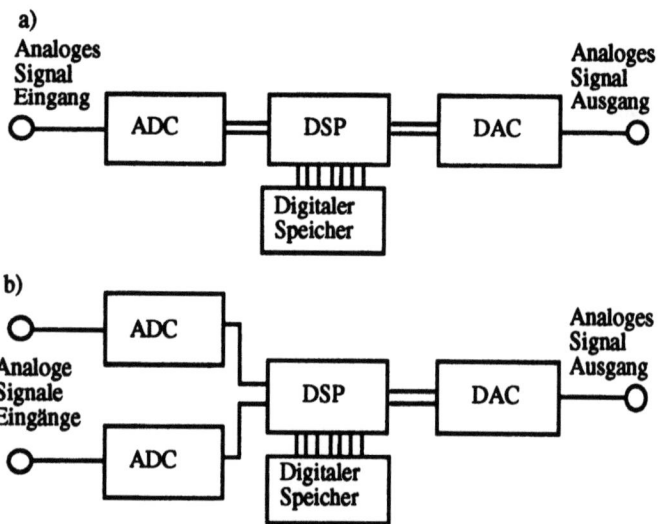

Abbildung 4.14: Einsatz eines digitalen Signalprozessors in a) elektronischen Filtern und b) elektronischen Verknüpfungen.

Notwendige Operationen sind schnelle Ganzzahlrechnungen. Speziell die schnelle Multiplikation mit anschließender Summenbildung kommt bei der Signalverarbeitung häufig vor, z.B. bei der Berechnung von Momenten von Verteilungen oder bei der Fourierentwicklung. Deshalb besitzen Signalprozessoren dafür eine spezielle zusätzliche Ausführungseinheit, die MAC-

4 Speicher und Mikroprozessoren

Einheit (Multiply and Accumulate) genannt wird. Dieser müssen die Daten mit ausreichender Geschwindigkeit, meistens über zwei parallele spezielle Busse, zugeführt werden. Da der DSP nur selten ein vollständiges Rechnersystem steuern wird, ist zusätzlich eine Verbindung zu einem Wirtsrechner notwendig.

Ein Beispiel für einen DSP ist der Motorola 56000-Signalprozessor. Dieser besitzt 4 parallele interne Datenbusse von 24 bit Breite, je einen für allgemeine Daten und für Programme sowie zwei für die Verbindung zwischen den Speichern am Eingang der MAC-Einheit und der Einheit selbst. Für Signalverarbeitung sind 24 bit völlig ausreichend, man kann damit 16777216 Kanäle darstellen. Dies könnten z.b. Farben, Graustufen, Töne, aber auch andere Ausgänge von AD-Wandlern sein. Intern rechnet die MAC-Einheit des Motorola 56000-Signalprozessors mit 56 bit Wortlänge. Sie ermöglicht, bei der Multiplikation keine Stellen zu verlieren, und längere Reihen aufzuaddieren. Interessant ist das Datenformat, das keine normale Ganzzahldarstellung, sondern eine fraktionale Darstellung ist. Die Zahlen sind so normiert, daß sie immer zwischen -1 und +1 liegen. Damit ist sichergestellt, daß auch das Produkt immer zwischen -1 und +1 liegt, es sind keine weiteren zeitraubenden Bitschiebeoperationen notwendig. Insbesondere haben die oberen 24 bit des Produktes exakt dieselbe Norm wie die Operanden, damit sind Rundungen durch Weglassen nicht signifikanter Bits einfach durchzuführen.

4.4 Einfaches Datenerfassungssystem mit Prozessor

In diesem Abschnitt wird das Beispiel aus Kapitel 3.7, das uns in diesem Buch schon mehrfach begegnet ist, um eine CPU erweitert. Damit kann die Datenauslese unter Softwarekontrolle stattfinden. Der Fluß dieser Software wird im folgenden für zwei unterschiedliche Ansätze beschrieben.

Den Aufbau der Hardware zeigt Abbildung 4.15. Die Teile, die unverändert übernommen werden, sind grau dargestellt, die zusätzlichen Teile schwarz.

Das System wird immer initialisiert, indem auf Port 1 des Port Chips kurz eine 1 angelegt wird. Damit wird das RS-Flip-Flop zurückgesetzt, ein Trigger kann es wieder setzen. Ein Signal auf dem Eingang von Port 2 bedeutet dann, daß ein Trigger vorliegt.

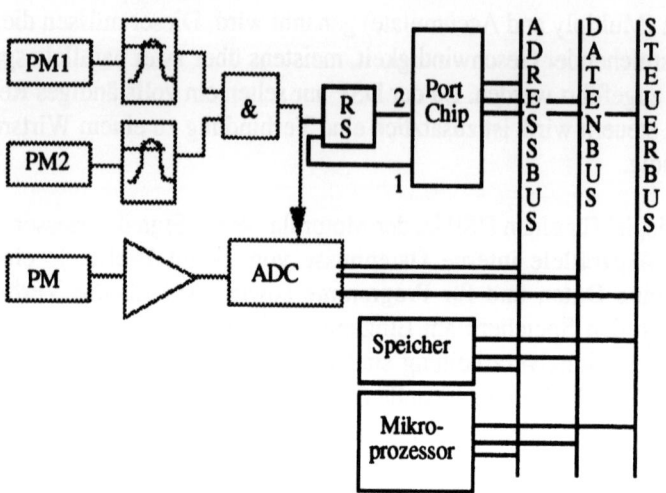

Abbildung 4.15: Beispiel aus Kapitel 3.7: Aufbau mit Mikroprozessor

4.4.1 Polling-Algorithmus

In einem einfachen Ansatz, *Polling* genannt, kopiert der Prozessor den Inhalt des Portregisters in sein eigenes Register und überprüft, ob Bit 2 den Wert 1 hat. Ist dies nicht erfüllt, kopiert er es wieder und wieder. Ist es aber irgendwann gesetzt, so kann die eigentliche Datenerfassung ablaufen.

Die CPU liest das Datenwort aus dem ADC-Register und kopiert es in den Speicher. Danach kann sie einige weitere Schritte unternehmen, wie die Berechnung von Mittelwerten, das Füllen von Histogrammen, das Abspeichern oder Ausdrucken des Meßwertes. Ist dies abgeschlossen, so schreibt der Prozessor wieder eine 1 auf Port 1, damit wird das Flip-Flop zurückgesetzt und das Datenerfassungssystem wartet wieder auf ein neues Ereignis.

Dieses System hat den Vorteil, sehr einfach zu sein, damit ist es leicht zu programmieren und wenig störanfällig. Dafür ist die Totzeit groß, denn erst nach der kompletten Abwicklung aller Berechnungen kann ein neues Ereignis registriert werden, dazwischen stattfindende Ereignisse werden durch das RS-Flip-Flop nicht registriert, das System ist nicht paralysierbar. Außerdem steht die CPU zwischen 2 Ereignissen nicht für andere Aufgaben

4 Speicher und Mikroprozessoren

zur Verfügung. Für kosmische Myonen mit ihrer niedrigen Rate ist die Totzeit akzeptabel, dennoch soll nun ein komplizierterer Ansatz mit wesentlich niedrigerer Totzeit vorgestellt werden.

4.4.2 Interrupt-Algorithmus

Hierbei beschäftigt sich der Mikroprozessor zwischen zwei Ereignissen mit beliebigen Aufgaben aus zu bearbeitenden Programmen. Zu diesen können das Füllen von Ereignissen aus dem Speicher in Histogramme, das Durchführen von Berechnungen, aber auch das Schachspiel für gelangweilte Schichtbesatzungen eines Experimentes gehören.

Der Portbaustein ist für diesen Ansatz mit mehr Intelligenz ausgestattet. Sobald auf Port 2 ein Signal anliegt, erzeugt er über den Steuerbus einen Interrupt, den die CPU bestätigt. Sobald sie kann, springt die CPU dann in eine spezielle Routine, die für die Bearbeitung von Interrupts zuständig ist. Hier werden zuerst die Priorität und die Quelle der Unterbrechung geprüft und dann meistens weitere Unterbrechungen verboten. Der Inhalt des ADC-Registers wird gelesen, im Speicher abgelegt, dann wird das RS-Flip-Flop über Port 1 zurückgesetzt, Interrupts werden wieder erlaubt, und das System springt zurück an die Stelle, an der es unterbrochen wurde.

Berechnungen, Füllen von Histogrammen, Abspeichern oder Ausdrucken von Daten werden asynchron in der freien Zeit durchgeführt. Folgen mehrere Ereignisse direkt aufeinander, so kann es sein, daß die Berechnungen einige Ereignisse zurückliegen. Die Totzeit eines solchen Systems ist viel niedriger, der gerade beschriebene Zyklus dauert auf modernen Mikroprozessoren nur einige Mikrosekunden. Und da auch hier das Reset in der Zwischenzeit stattgefundene Ereignisse löscht, ist auch dieses Datenerfassungssystem nicht paralysierbar, die tatsächliche Ereignisrate daher analytisch berechenbar. Nachteil eines solchen Systems ist natürlich, daß es komplizierter zu programmieren und damit fehlerträchtiger ist.

4.5 Speicherverwaltung

Alle Computer arbeiten mit Daten, die auf Speicherplätzen stehen. Der Ort dieses Speichers wird durch die Adresse festgelegt. Unterschieden werden muß dabei zwischen der physikalischen Adresse, die in der Hardware des Speichers festgelegt ist, und der logischen Adresse, die im Programm benutzt wird.

Nur bei Einprozeßsystemen können die logische und die physikalische Adresse identisch sein. Der Vorteil davon ist, daß dieses Verfahren einfach ist und einen schnellen Zugriff bietet. Die maximale Programmgröße wird aber durch die Größe des physikalischen Speichers beschränkt, und es können nicht mehrere Prozesse gleichzeitig im Speicher stehen.

Um Mehrprozeßsysteme zu ermöglichen, wird der physikalische Speicher bei einfachen Systemen (z.B. RSX 11) in mehrere meistens gleich große Blöcke unterteilt, die durch ihre unterste Adresse beschrieben werden. Diese wird einem Prozeß beim Start zugewiesen, der Prozeß läuft dann in diesem Speicherbereich ab. Die physikalische Adresse wird jeweils berechnet, indem zur logischen Adresse die Startadresse des Prozesses addiert wird. Auch dieses Verfahren ist aufgrund der einfachen Addition sehr schnell und einfach. Da alle logischen Adressen eindeutig auf fest zugeordnete physikalische Adressen abgebildet sind, ist auch das Antwortverhalten vorhersagbar. Damit ist dieser Ansatz für Datenerfassungs- und Steuerungssysteme verbreitet. Sein Nachteil ist die ineffektive Speicherausnutzung und die Beschränkung der Programmgröße auf die Größe der Speicherblöcke.

Eine Alternative zu diesem Verfahren ist, beim Laden der Programme zu allen logischen Adressen die Startadresse des Programms hinzuzuaddieren, dann kann das Programm anschließend physikalisch adressieren. Der Programmstart dauert damit zwar länger, dafür läuft es aber schneller.

Andere Systeme (z.B. der für CAMAC, Fastbus- und VME-Auslese häufig eingesetzte Apple Macintosh) weisen jedem Programm eine gewisse maximale Größe zu. Beim Programmstart wird genau dieser Teil des Speichers reserviert und für den nächsten Prozeß eine neue Startadresse ermittelt. Für Systeme, bei denen eine gewisse Anzahl von Prozessen hochgefahren wird und dann dauernd laufen, wie bei einem Auslesesystem, ist dieses Verfahren einfach, schnell und effektiv. Werden dagegen häufig Prozesse beendet und neue, andere gestartet, führt dies zu einer Fragmentierung des Speichers in viele kleine, unbenutzbare Stücke.

4 Speicher und Mikroprozessoren

Alle diese Verfahren haben die Eigenschaft, daß die Summe der Größe aller Prozesse nicht über der physikalischen Speichergröße liegen kann. Dieses wird erst durch eine virtuelle Speicherverwaltung aufgehoben. Zusätzlich zum RAM wird auf einer Platte ein Bereich festgelegt, der den Speicher erweitert (Swapfile und/oder Pagefile). Im einfacheren Fall können Prozesse aus dem Speicher in den Swapfile abgelegt werden, um Speicher freizumachen. In moderneren Systemen wird der virtuelle Adreßraum in zusammenhängende Seiten (typisch zwischen 512 bytes und 8kB) eingeteilt. In einer oder mehreren Tabellen steht nun die physikalische Adresse, die zu einer virtuellen Adresse gehört. Diese kann auf eine Seite im physikalischen RAM, aber auch auf eine Seite im Pagefile zeigen. Die Prozesse bekommen jeweils unterschiedliche Startadressen, so daß durch Addition von logischer Adresse des Prozesses und Startadresse die virtuelle Adresse ermittelt wird, die dann in die physikalische umgewandelt wird. Das Betriebssystem sorgt dafür, daß die zuletzt oder am häufigsten benutzten Seiten im physikalischen RAM stehen.

Beim Betriebssystem VMS z.B. gibt es eine Systemseitentabelle, die die physikalischen Adressen der Prozeßseitentabellen enthält. Jeder Prozeß besitzt eine eigene Prozeßseitentabelle, die die Zuordnung der logischen zur physikalischen Adresse enthält.

Wenn das RAM groß genug ist, um die häufiger benutzten Teile der Prozesse zu enthalten, ist ein solches Verfahren sehr effektiv und erlaubt Prozesse, die größer als der physikalische Speicher sind. Beim Einsatz in Datenerfassungssystemen ist aber darauf zu achten, daß wesentliche Teile im RAM bleiben müssen und nicht ausgelagert werden dürfen, da die Systeme ansonsten wegen der langen Zugriffszeiten auf Platten ein nicht vorhersagbares Zugriffsverhalten haben. Echtzeitsysteme wie POSIX 1003.4 erlauben daher, Prozesse speicherresident zu machen.

Viele heute angebotene Mikroprozessoren haben eine eigene Speicherverwaltungseinheit (MMU), die entweder zusätzlich angeboten wird oder, wie z.B. beim MC68040 bereits auf dem Chip integriert ist und zusätzlich zu den bisher beschriebenen Aufgaben noch einen schnellen Cache-Speicher steuert.

Probleme, die bei virtuellen Speichern gelöst werden müssen, sind die Konsistenz bei Multiprozessorsystemen und die Konsistenz von Speichern, auf die nicht nur Prozessoren zugreifen. Dieses Problem ist in der Datenerfassung häufig und kann manchmal nur durch ein völliges Ausschalten von Datencaches gelöst werden.

4.6 Betriebssysteme und Software

Prozessoren benötigen, um irgendwelche Handlungen durchzuführen, Befehle. Ein vollständiger Satz von Befehlen, der ein gewünschtes Ergebnis bewirkt, wird Programm genannt. Die Menge aller Programme für einen Rechner wird als Software bezeichnet. Weitere Beschreibung von Software würde den Rahmen dieses Buches sprengen. Für die Entwicklung von Datenerfassung wichtig sind Themen wie Programmiersprachen, Bibliotheken und strukturierte Programmierung.

Zahlreiche Aufgaben in einem Computer müssen immer wieder und für verschiedene Programme durchgeführt werden. Dazu gehören das Lesen und Schreiben von Daten, die Speicherverwaltung, die Behandlung der Peripherie und vieles mehr. Diese Software wird typischerweise zusammen mit der Rechnerhardware ausgeliefert und als Betriebssystem bezeichnet. Software, die für Erweiterungen wie zum Beispiel Datenerfassungsmodule oder zusätzliche Bussysteme benötigt wird, heißt Treiber oder englisch *Driver*.

Traditionell gibt es von jedem Computerhersteller zu jeder Rechnerfamilie ein eigenes, maßgeschneidertes Betriebssystem. Dies verursacht hohe Entwicklungskosten nicht nur für die Anbieter von Systemen, sondern auch für die Entwickler von Anwendungssoftware.

Seit langem gibt es unter dem Schlagwort *offenes System* Bestrebungen, die Portierbarkeit von Anwendungen zu verbessern. Solange die Befehlssätze der verschiedenen Prozessoren nicht identisch sind, kann Kompatibilität immer nur auf der Ebene der verwendeten Programmiersprache, im *Quellcode* erreicht werden. Die Programme laufen zwar nicht direkt auf verschiedenen Rechnern, lassen sich aber leicht auf ihnen implementieren. Dafür ist es notwendig, daß die Implementierung der Programmiersprachen und die Schnittstellen zwischen Anwendungsprogramm und Betriebssystem gleich sind. Prinzipiell wird dies dann einfacher, wenn auch das Betriebs-

4 Speicher und Mikroprozessoren

system auf die gleiche Weise portiert wird. Unter dem Sammelnamen UNIX werden viele Betriebssysteme zusammengefaßt, die aus einem Mitte der 70er Jahre am MIT entstandenen Projekt abgeleitet werden.

Dieser de-facto-Standard hat allerdings den Nachteil, daß die vielen Dialekte sich auseinanderentwickelt haben. Es ist deshalb durch die Norm IEEE 1003 eine Standardisierung für eine Systemumgebung erfolgt, die als POSIX bezeichnet wird. Verschiedene Teile der Norm gelten für verschiedene Aufgaben. Dabei orientiert sich POSIX an UNIX, geht aber, vor allem bei den höheren Standards, weit über heute übliche Gemeinsamkeiten hinaus. In der Tat ist die Implementierung einiger POSIX-Erweiterungen in UNIX schwieriger als in andere, leistungsfähigere Betriebssysteme. Die folgende Tabelle listet die für das Thema dieses Buches wichtigen POSIX-Standards.

POSIX.1	definiert Schnittstelle zwischen Anwendungsprogramm und Betriebssystem,
POSIX.2	definiert die Benutzerschnittstelle und Softwarewerkzeuge
POSIX.4	erweitert POSIX.1 um Schnittstellen für Echtzeitanwendungen
POSIX.5	definiert die Systemeinbindung der Programmiersprache ADA
POSIX.8	definiert eine protokollunabhängige Netzwerkeinbindung mit einer Anwendungsschnittstelle wie im OSI-Modell
POSIX.9	definiert die Systemeinbindung der Programmiersprache FORTRAN
POSIX.14	definiert Anwendungsumgebung für Mehrprozessorsysteme
POSIX.19	definiert die Systemeinbindung der Programmiersprache FORTRAN 90

Die Kompatibilität von Betriebssystemen mit dem POSIX-Standard wird von unabhängigen Testinstituten überprüft. Inzwischen gibt es auch nicht auf UNIX basierende Systeme, die POSIX implementiert haben. Damit existiert ein Programmierstandard, der zwar die Portierung von Software ohne Modifikationen erlaubt, dafür aber nur ein kleinster gemeinsamer Nenner ist. Für die Programmierung von Datenerfassungssystemen ist der POSIX 1003.4 Standard der wichtigste. Er definiert Echtzeit als die Fähigkeit eines Betriebssystems, einen angeforderten Dienst innerhalb einer festgelegten Antwortzeit zu erfüllen. Die meisten Mehrprozeßsysteme, auch UNIX oder VMS, erfüllen diese Anforderung von sich aus nicht. Sie sind vielmehr darauf ausgerichtet, ihre Ressourcen zwischen verschiedenen Benutzern fair zu verteilen.

POSIX.4 enthält unter anderem die folgenden Eigenschaften:
–Echtzeitprozesse können speicherresident gemacht werden, um durch virtuelle Speicher verursachte unvorhersehbare Verzögerungen zu vermeiden.
–Speicher kann von verschiedenen Prozessen gemeinsam benutzt werden, im Speicher können Datensätze erzeugt werden.
–Es können verschiedene Prioritätsalgorithmen verwendet werden.
–Es existieren Signale, die Echtzeitereignisse anzeigen, verschiedene Uhren und Zeitgeber.
–Es existiert ein Mechanismus für Zwischenprozeßkommunikation.
–Es gibt zusätzliche Ein- und Ausgabemöglichkeiten, die speziell auf Echtzeit zugeschnitten sind.

Mit POSIX1003.4a und 4b werden weitere Eigenschaften genormt werden. Damit wird die Portierung von Echtzeitsoftware zwischen verschiedenen Betriebssystemen möglich. Allerdings fehlen bisher Erweiterungen für Mehrprozessorsysteme. Bis eine einheitliche, genormte, hardware- und betriebssystemunabhängige Echtzeitumgebung für vernetzte Multiprozessorsysteme existiert, werden noch einige Jahre vergehen.

4.7 Kundenspezifische Schaltungen

Hochintegrierte Schaltungen haben gegenüber niederintegrierter Elektronik den Vorteil niedriger Kosten, höherer Leistung, niedrigen Stromverbrauchs, geringen Platzbedarfs und erhöhter Zuverlässigkeit. Neben Standardbausteinen wie Speichern und Mikroprozessoren werden weitere spezielle Schaltungen benötigt, sei es, um diese miteinander zu verbinden, zur schnellen Durchführung einfacher Aufgaben in Hardware, oder als Ein- und Ausgabeelemente. So wie die Standardelemente immer höher integriert werden, muß dies auch für Spezialelemente gemacht werden. Nur so lassen sich Komplettsysteme aus nur wenigen Chips herstellen, die preiswert angeboten werden können.

4 Speicher und Mikroprozessoren

Für die Lösung gibt es mehrere Ansätze, die hier kurz diskutiert werden sollen. Die meisten logischen Entscheidungen können von einer Matrix von Und/Oder-Zellen oder ähnlichen einfachen boolschen Operationen gefällt werden.

PLD-Bausteine (programable logic devices) bestehen aus einer festen Matrix solcher Und/Oder-Zellen. Die Funktion der einzelnen Zellen ist programmierbar. Damit lassen sich sehr schnell, einfach und preisgünstig Anwendungen mit ein paar hundert nutzbaren logischen Gattern realisieren.

PLDs gibt es einmal programmierbar, mit UV löschbar (EPLD) oder auch elektrisch löschbar (EEPLD), analog zu den Nurlesespeichern (ROM)

Eine größere Matrix von Gattern wird *Gate Array* genannt. Die zugrundeliegende Matrix ist bei einer Chipfamilie immer identisch. Anwendungsspezifisch ist nur die Verbindung der Zellen untereinander.

Wird diese Verbindung bei der Herstellung aufgebracht, so ist dies nur der letzte Schritt bei der Herstellung, alle vorherigen Schritte und Masken sind identisch. Solche Chips werden als *ASIC* (application specific integrated circuit) bezeichnet. Die Kosten für die Entwicklung eines solchen Bauelementes reduzieren sich erheblich gegenüber einem völligen Neudesign, dennoch lohnt dieses Verfahren nur bei Verwendung einer größeren Anzahl von Chips. Auch sind die Entwicklungszeiten eines ASIC trotz der Verwendung von Computerprogrammen (CAD) lang. Dafür können ASICs bis zu 100000 Gatter enthalten und entsprechend komplexe Operationen durchführen.

Es gibt inzwischen auch Gate Arrays, die programmierbar sind. In LCA-Chips (*logic cell arrays*) können einige tausend Gatter programmierbar miteinander verbunden werden. Für das Design solcher Schaltungen ist jedoch viel Erfahrung sowie Computerunterstützung durch entsprechende, meist teure Programme, unverzichtbar. Deshalb soll hier für einfache Lösungen nochmal auf die Möglichkeit der Logikentscheidungen in Speichermodulen (Kapitel 4.2.4) verwiesen werden.

5 Bussysteme

Daten müssen im allgemeinen zwischen einer großen Anzahl von Komponenten transportiert werden, wie Eingabekanal, CPU, Speicher, Ausgabekanal. Der schnellste Weg wäre, wenn jede Komponente mit jeder anderen verbunden wäre, solche Systeme werden auch als *Taxi-Systeme* bezeichnet. Für die Verbindung von n Komponenten werden dann $\frac{n(n-1)}{2}$ Kanäle benötigt, bei mehr als 10 Komponenten führt dies zu einem unbeherrschbaren Kabelgewirr.

Als Alternative bietet sich an, eine Verbindung für alle Komponenten zu nutzen, *Bus* genannt. Notwendig dafür ist ein eindeutiger Mechanismus zur Busreservierung, die Möglichkeit, Daten zu senden, sowie die Bestimmung des Empfängers durch Adressen.

Daten können grundsätzlich parallel (z.b. über Flachbandkabel oder über die Rückwand eines Gehäuses *Backplane* oder seriell (über Zweidrahtleitungen, Koaxialkabel, Glasfaser) übertragen werden. Serielle Bussysteme (Ethernet, FDDI) werden im Kapitel 6 über Netzwerke vorgestellt, dieses Kapitel behandelt parallele Busse.

Die verschiedenen Bussysteme unterscheiden sich durch viele Kenngrößen. Die Breite der Datenbusse beträgt meistens 8, 16, 32 oder 64 bit, die Zahl der Adreßleitungen beträgt bei verbreiteten Systemen 16, 22, 24, 32, 48 oder 64. Je nach Komplexität des Busprotokolls beträgt die Anzahl der Kontrolleitungen 8 bis ca. 25, einige Busse haben noch zusätzlich besondere Leitungen für Interrupts. Es gibt manchmal auch 0 bis 96 freie Leitungen, die der Benutzer frei definieren kann, steckbare Punkt-Punkt-Verbindungen und sternförmige Verknüpfungen. In der Tat sind viele erfolgreiche Bussysteme Hybride zwischen reinen Bussen und Taxis.

Adressen und Daten können auf gemeinsamen Leitungen nacheinander übertragen werden, dieses Verfahren wird als *multiplexen* bezeichnet. Es spart nicht nur Leitungen, sondern auch Steckverbindungen und vermeidet damit mögliche Fehlkontakte. Gerade in Datenerfassungsumgebungen (Labors, Experimentierhallen) führen fehlerhafte Kontakte immer wieder zu Ausfällen, deren Ursachen schwer zu finden sind. Der Nachteil des

5 Bussysteme

Multiplexverfahrens ist eine etwas aufwendigere Logik und der Verlust von Übertragungsbandbreite.

Busse können Daten asynchron übertragen, dann wird die Datenübertragung mittels Quittierung über Kontrolleitungen koordiniert. Bei der synchronen Übertragung werden Blöcke von Daten übertragen, indem Sender und Empfänger sich durch eine mitlaufende Uhr synchronisieren.

Unterschiedlich aufwendig sind die Interruptkonzepte der verschiedenen Busse, und natürlich ist auch die maximale Taktfrequenz unterschiedlich. Diese reicht heute etwa bis zu 25 MHz, so daß ein 32-bit-Bus bis zu 100MByte/s transportieren kann. Noch schnellere Busse sind zum gegenwärtigen Zeitpunkt aufwendig, da die hohen Frequenzen vieler Leitungen gegeneinander abgeschirmt werden müssen.

Auch unterscheiden sich Bussysteme dadurch, ob nur ein Modul den Bus steuern kann (*Master*) und die anderen lediglich dessen Befehle ausführen (*Slave*), oder ob mehrere Module (meistens nicht gleichzeitig) Master sein können. Falls mehrere Module Master sein können, muß ein *Arbiter* regeln, welches Modul jeweils als Master anerkannt wird. Dies kann wiederum ein spezielles Modul oder aber ein verteilter Algorithmus regeln.

5.1 Busse in Computersystemen

Dieses Kapitel soll einige verbreitete Bussysteme, auch Peripheriebusse, vorstellen. Die Auswahl erfolgte nach dem Vorkommen in Datenerfassungsumgebungen. Die typischen Datenerfassungsbusse werden in Kapitel 5.2 detailliert beschrieben.

5.1.1 Der SCSI-Bus

Das Small Computer System Interface hat sich inzwischen zu einem Industriestandard entwickelt und wird von den bedeutendsten Computerherstellern (z.B. IBM, Digital, Apple) unterstützt. Es dient vorrangig zum Anschluß von Festplatten, Magnetbändern, Druckern, Scannern, und Grafiksystemen. Der Anwendungsbereich wächst dank seiner großen Flexibilität ständig. SCSI findet man in Großrechnern, Ab-

teilungsrechnern, Workstations, PCs, VME-Systemen, Fastbus-Systemen...
. Dieser Bus wird in diesem Kapitel auch deshalb ausführlich beschrieben, weil er bei einfachem Aufbau und Protokoll viele für komplexere Busse übliche Mechanismen und moderne Konzepte enthält.

Bei diesem Bus liegt die Intelligenz in den Controllern der angeschlossenen Endgeräte. Über ein definiertes Protokoll bekommen diese Befehle, die sie ausführen können. Dies unterscheidet das SCSI von anderen Systemen, die zum Anschluß von Peripherie benutzt werden, wie ESDI oder ST506, und macht es flexibel.

5.1.1.1 SCSI-Bus Aufbau

Der Bus besteht aus 8 Datenleitungen, einer Parity-Leitung und nur 9 Kontrolleitungen. Das Paritybit erlaubt, Fehler bei der Datenübertragung zu entdecken. Jeder SCSI kann bis zu 8 Teilnehmer haben, dies können Computer oder Peripheriecontroller sein, die je durch eine ID zwischen 0 und 7 eindeutig bezeichnet werden. Für jeden Controller sind noch 8 Untereinheiten erlaubt, diese Eigenschaft wird allerdings selten ausgenutzt. Der normierte SCSI-1-Standard erlaubt im asynchronen Modus Datenübertragungsraten von 1,5 MByte/s, im Synchronmodus 3 MB/s. Der SCSI-2 wird bei 8-bit Übertragung synchron 5 oder 10 MB/s, als extra breiter Bus bis zu 40 MByte/s übertragen. SCSI-3 ist ebenfalls in der Diskussion, hier soll die Zahl der möglichen Knoten wie die Übertragungsrate erhöht werden.

Beim Aufbau von Systemen mit SCSI-Bussen muß auf die maximale Kabellänge geachtet werden. Nur bei differentieller Übertragung (Signal und invertiertes Signal werden nebeneinander übertragen) sind längere Strecken möglich, bei der verbreiteten "single ended" Übertragung (nur Signal) beträgt die maximale Kabellänge 6 m. Neuere Komponenten, die den Synchronmodus unterstützen, sind auf diese Einschränkung besonders empfindlich, manche unterstützen nur bis zu einem Meter Kabellänge. Fehler auf SCSI-Bussen werden häufig durch Erreichen der maximalen Länge oder durch unsaubere Terminierung (Abschlußwiderstände) hervorgerufen.

Abhilfe schaffen die Verwendung aktiver Terminatoren, die Kürzung von Kabeln oder, falls dies nicht möglich ist, der Einsatz von differentieller

5 Bussysteme

Übertragung. Ist die Peripherie vom Rechner räumlich getrennt, empfiehlt es sich, am Rechnerausgang von single ended nach differentiell umzusetzen und an der Peripherie zurückzuwandeln.

5.1.1.2 SCSI-Bus Protokoll

Das Busprotokoll des SCSI erlaubt vier Phasen, in denen der Bus sich befinden kann:
– in der BUS FREE-Phase ist der Bus unbenutzt, jeder Teilnehmer kann den Bus anfordern.
– in der ARBITRATION-Phase wird der Bus angefordert und zugeordnet. Dies geschieht durch ein einfaches Protokoll: Jeder Anforderer legt einen Pegel auf die Bus-Request-Leitung und auf die Datenleitung, die seiner SCSI-ID entspricht. Liegen mehrere Anforderungen an, so erkennt das jeder Anforderer und nimmt seine Anforderung zurück, solange eine ID anliegt, die höher als seine eigene ist. So bleibt immer nur ein Anforderer übrig, der mit der höchsten SCSI-Adresse. Dies ist der Grund, warum die wichtigsten Systeme (meistens die CPU) hohe IDs bekommen.
– in der SELECTION-/ RESELECTION-Phase wird nun der Zielpartner adressiert und die Verbindung mit ihm aufgenommen.
– in der INFORMATION TRANSFER-Phase werden dann SCSI-Befehle, Daten, Statusinformationen oder Fehlermeldungen übertragen.

Abbildung 5.1 zeigt die vier Phasen des SCSI-Busses und die erlaubten Übergänge zwischen den Phasen.

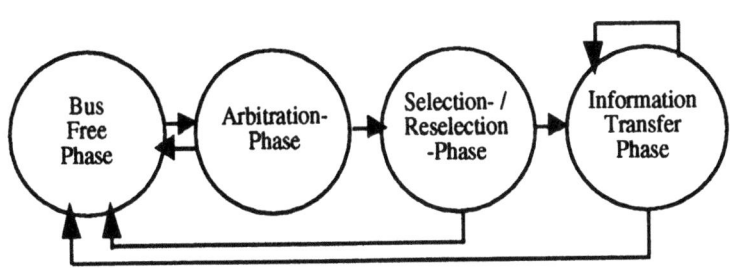

Abbildung 5.1: Die vier Phasen des SCSI-Busses und die erlaubten Phasenübergänge

Byte \ Bit	7	6	5	4	3	2	1	0
0	Group Code			Operation Code				
1	LUN			Logical Block Address (MSB)				
2	Logical Block Address							
3	Logical Block Address (LSB)							
4	Transfer Length							
5	Control Bit							

Abbildung 5.2: Aufbau eines Command Description Blocks (CDB)

In der Befehlsphase schickt der Sender dem Empfänger einen CDB (*Command description block*), der entweder 6 oder bei erweiterter Adressierung 10 Byte lang ist. Einen 6-Byte-CDB zeigt Abbildung 5.2. Das erste Byte enthält den eigentlichen Befehl, für den 5 bit vorgesehen sind, und die Bezeichnung der Befehlsgruppe (Festplatte, Band...). Die wichtigsten Befehle für Festplatten werden in Abbildung 5.3 vorgestellt. Im zweiten Byte sind drei bit für die Bezeichnung einer Untereinheit (z.B. bei Plattenarrays) reserviert, es folgen die Bits für die Bezeichnung einer logischen Adresse (z.B. des Blocks auf einer Platte). Das vorletzte Byte gibt die Länge eines eventuell folgenden Blocktransfers an, es folgen noch einige Status-und Kontrollbits.

Der Beschreibung der SCSI-Funktionen kann man ansehen, daß der SCSI recht komplexe Aufgaben an das Endgerät überträgt. Dies entlastet die zentralen Komponenten eines Rechners erheblich, verlangt natürlich eine hochentwickelte Elektronik (meistens ein eigener Mikroprozessor) im SCSI-Controller des Endgerätes. SCSI-Geräte waren deshalb anfangs teurer als Geräte mit traditionellen Schnittstellen. Der weite Einsatzbereich erlaubt aber heute sehr hohe Stückzahlen, so daß SCSI-Geräte preiswerter als solche mit einfacher Schnittstelle sind. Einige Hersteller bauen zum Beispiel nur noch SCSI-Platten und setzen alle anderen Schnittstellen intern auf SCSI um.

5 Bussysteme

Op-Code	Funktion
00h	Abfrage der Betriebsbereitschaft
01h	Köpfe auf Spur 0 fahren
03h	Fehlerstatus abfragen
04h	Platte formatieren
07h	Defekte Sektoren ausschließen
08h	Lesen
0Ah	Schreiben
0Bh	Logischen Block anfahren
12h	Laufwerksinformation abfragen
15h	Festplattenparameter einstellen
16h	Einheit reservieren
17h	Reservierung aufheben
1Ah	Parameter abfragen
1Bh	Start/Stop des Gerätes
1Ch	Selbsttestergebnisse anfordern
1Dh	Selbsttest starten
25h	Kapazität abfragen
28h	Lesen mit 32 bit Adresse
2Ah	Schreiben mit 32 bit Adresse
2Bh	Logischen Block anfahren
2Eh	Schreiben mit Überprüfung
2Fh	Datenüberprüfung
37h	Liste der defekten Sektoren anfordern
3Bh	Puffer schreiben
3Ch	Puffer lesen
3Eh	Daten mit ECC lesen
3Fh	Daten mit ECC schreiben

Abbildung 5.3: SCSI-Funktionen für Magnetplatten

Da der SCSI-Bus prinzipiell mehrere Master unterstützt, lassen sich mit ihm oder mit weiterentwickelten Bussen wie dem DSSI-Bus (von Digital Equipment entwickelter, an mehrere Hersteller lizensierter Peripheriebus) zwei oder noch mehr Rechner eng koppeln, die gemeinsame Ressourcen wie Platten, Bänder oder Halbleiterspeicher teilen. Die hohe Übertragungsleistung des SCSI-2 Standards ermöglicht Datenerfassungssysteme, bei denen ein Rechner das Experiment ausliest und die Daten über SCSI in einen Massenspeicher schreibt, aus dem sie dann von einigen weiterverarbeitenden Rechnern ausgelesen werden. Allerdings unterstützen leider noch nicht alle Rechnerhersteller und Betriebssysteme solche SCSI-Cluster.

5.1.2 Das High Performance Peripheral Interconnect

Gerade in der Datenerfassung, aber auch in Großrechnern gibt es Datenströme über Entfernungen, die Raumgröße haben oder noch größer sind, für die sehr hohe Datenraten charakteristisch sind. Die Auslese eines Experimentes oder der Anschluß von Plattenservern und Magnetbandservern an Supercomputer oder Großrechner gehört zu diesen Anwendungen.

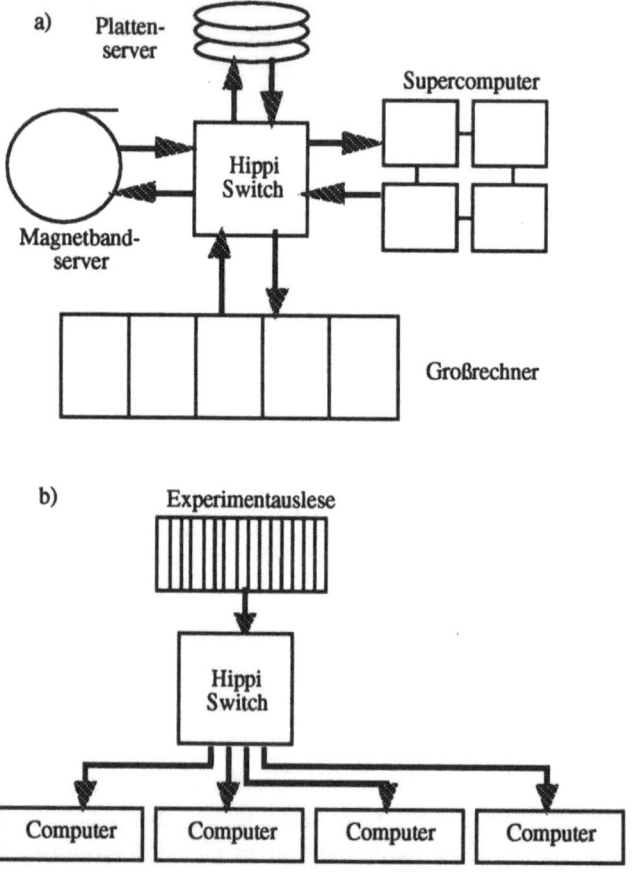

Abbildung 5.4: Einsatz eines HIPPI-Switches a) in einem Rechenzentrum b) in der Datenerfassung eines Experimentes mit hoher Datenrate und hoher Anforderung an Computerleistung.

5 Bussysteme

Das High Performance Peripheral Interconnect (*HIPPI* genannt) erlaubt, 100 MByte/s über ca. 25 m zu transportieren, und stellt dabei eine unidirektionale Punkt-Punkt-Verbindung dar. Für noch weitere Entfernungen existieren inzwischen optische Koppler.

Das erste Wort eines HIPPI-Blocks <u>kann</u> eine Zieladresse enthalten. Sogenannte HIPPI-Switches erlauben den Aufbau von Netzwerken mit relativ wenigen Teilnehmern. Ein 4 x 4 Switch hat vier Eingänge und vier Ausgänge und kann bis zu vier Verbindungen gleichzeitig schalten. Abbildung 5.4a zeigt den Einsatz eines HIPPI-Switches in einem Rechenzentrum mit einem Plattenserver, einem Magnetbandserver, einem Großrechner und einem Supercomputer. Gleichzeitig kann eine Datensicherung von Platten zu den Magnetbändern laufen, der Großrechner liest Daten von Magnetbändern, lädt Daten in den Supercomputer und dieser speichert Ergebnisse auf den Platten ab. Abbildung 5.4b zeigt einen HIPPI-Switch an der Schnittstelle zwischen Experimentauslese und weiterverarbeitenden Computern. Auch heutige Prozessoren sind zu langsam, um auf 100 MB/s komplexe Algorithmen anzuwenden. Ein HIPPI-Switch kann dazu dienen, die Daten blockweise gleichmäßig auf mehrere Rechner zu verteilen und damit eine erste Reduzierung der Rate pro Rechner zu erzielen.

5.1.3 Datenerfassung mit systemspezifischen Bussen

Die meisten in Datenerfassungssystemen eingesetzten Computersysteme haben systemspezifische Busse, die Eigenschaften einiger Beispiele zeigt Tabelle 3. Dabei werden die Busprotokolle je nach Firmenpolitik veröffentlicht, lizensiert oder aber auch für andere Hersteller unzugänglich gemacht.

Für einige dieser Bussysteme gibt es Einsteckkarten mit ADCs, DACs und TDCs mit einem Kanal oder einigen (2 bis 16) Kanälen. Auch gibt es digitale Ein- und Ausgaberegister sowie spezielle Karten wie Thermoelementskarten, Optokoppler oder Relaiskarten. Unter Multifunktionskarten versteht man Komplettsysteme, die AD-Wandler, DA-Wandler, digitale Ein- und Ausgänge und vielleicht auch einen Zeitgeber enthalten und häufig für Steuer- und Regelungszwecke eingesetzt werden.

System	Busname	Datenbreite	Adreßbreite	Rate (MB/s)
PDP/µVAX	Q-Bus	16	22	3
PC-AT	ISA	16	24	8
EISA-PC	EISA	32	32	33
RS6000	Microchannel	32	32	40/80
Macintosh	NuBus	32	32	40
DEC	Turbochannel	32	32	50/100
	Futurebus+	32	32	160
SUN	S-Bus	32	32	80

Tabelle 3: Eigenschaften einiger wichtiger systemspezifischer Bussysteme.

Das Angebot ist traditionell sehr groß für den Q-Bus, es ist inzwischen auch sehr groß für PCs mit dem EISA-Bus, für PS/2 oder RS6000 Systeme mit dem Microchannel und Macintosh-Rechner mit dem NuBus.

Zusätzlich zu den Karten, der Hardware, wird immer auch Software benötigt, die die Karten ansprechen kann. Diese Software wird *Treiber* genannt. Die Karten werden meistens zusammen mit den Treibern und darüberliegender Anwendungssoftware angeboten. Diese Anwendungspakete erlauben, einfachere Messungen ohne eigenen Programmieraufwand menügesteuert durchzuführen und bieten auch gleich Hilfe für die Analyse der Daten. Reicht die Rechenleistung des Wirtsrechners nicht aus, gibt es Einsteckkarten mit Signalprozessoren, die schnelle Berechnungen auf kontinuierlichen Datenströmen durchführen. Ebenfalls integriert ist meistens die grafische Darstellung der Daten.

Ein Computer zusammen mit einer hochauflösenden ADC-Karte und der geeigneten Software ist damit eine Alternative zu einem Vielkanalanalysator, mit einem mehrkanaligen Flash-ADC zu einem Transientenrecorder. Die Ausbaugröße solcher Datenerfassungssysteme ist auf eine oder wenige Karten beschränkt, auch sind Karten verschiedener Hersteller oft zueinander inkompatibel und können daher nicht gemischt eingesetzt werden.

5 Bussysteme

5.1.4 Der Futurebus

Von der IEEE wurde 1979 eine Expertengruppe eingesetzt, die einen zukünftigen Standard für ein nicht systemspezifisches skalierbares Bussystem mit Breiten zwischen 32 und 256 bit Datenbus und 32 bis 64 bit Adreßbus erarbeiten soll. Dieses Projekt trägt den Namen Futurebus. Bis 1991 gibt es praktisch keine Futurebus-Hardware, allerdings gibt es mit dem Futurebus+ einen Entwurf (IEEE 896), der bis 1995 vollständig realisiert werden soll. Es wird verschiedene Versionen der Futurebus+ geben, die für verschiedene Aufgaben gedacht sind. Eine Variante, die für den Bau von parallelen Computern geeignet ist, unterstützt Cache-Speicher. Eine andere Variante ist als reiner Ein-Ausgabebus gedacht. Die Datenrate ist sehr hoch, erste Muster werden bereits mehr als 150MB/s leisten, während mittelfristig mit heute absehbarer Technologie 3200MB/s möglich sind.

Für die Datenerfassung in Echtzeit ist sicher problematisch, daß der Futurebus keine Behandlung von Interrupts implementiert hat. Da sich sowohl große Forschungsinstitute (z.B. das CERN in Genf) wie auch namhafte Computerhersteller für den Futurebus+ einsetzen, werden Experimente nach 1995 mit hoher Wahrscheinlichkeit auch den Futurebus benutzen.

Seit 1993 werden offene Computersysteme auf dem Markt angeboten, die den Futurebus+ als Ein- und Ausgabebus benutzen. Der Vorteil, den ein genormter Hochleistungsbus statt systemspezifischer Busse für den Anwender speziell in der Datenerfassung hat, liegt auf der Hand. Er kann ihn benutzen, um die Daten aus dem Experiment z.B. über VMEbus oder Fastbus auszulesen und dann über mehrere VIC-Busse oder MXI-Busse zum Futurebus+ zu senden, womit Datenraten von >100MB/s heute erzielbar werden.

5.2 Bussysteme für Datenerfassung und Steuerung

Dieses Kapitel stellt detailliert einige Bussysteme, die häufig in Labors eingesetzt werden, vor und verdeutlicht die Unterschiede zwischen den verschiedenen Ansätzen. Die Systeme unterscheiden sich erheblich bezüglich Konzept, Ausbaubarkeit, Übertragungsleistung und Preis.

5.2.1 CAMAC

CAMAC (*Computer Applications to Measurements and Control*) ist ein seit dem Jahr 1971 verabschiedeter Standard (EUR4100, IEEE 583), der in der Atom-, Kern-, Mittelenergie- und Hochenergiephysik verbreitet ist. In der kerntechnischen Industrie, aber auch weit darüber hinaus, ist er noch immer Industriestandard, auch wenn teilweise seine Ablösung oder Ergänzung durch den VME-Bus zu beobachten ist.

Basiseigenschaften von CAMAC sind:
–Modularer Aufbau in Crate-Struktur erlaubt den flexiblen Aufbau von Experimenten und die Wiederverwendung von Komponenten,
–die hohe Packungsdichte von 24 Modulen pro 19"-Crate ermöglicht einen kompakten Aufbau,
–ein eigener Datenbus im Crate mit 24 bit Datenbreite und 1 MB/s Transferrate mit synchronem Datentransfer macht den Systemaufbau einfach, reicht aber für manche moderne Datenerfassungsmodule wie Flash-ADCs nicht aus,
–es gibt immer nur einen Master im CAMAC-Crate,
–CAMAC ermöglicht durch seine Parallelstruktur Mehrcratesysteme (bis zu 64 Crates).

Es gibt für CAMAC eine Vielzahl hochwertiger Module vieler Hersteller, und einen Anschluß an fast jedes Computersystem. Auch ist lokale Datenverarbeitung auf Crate-Ebene möglich.

Das CAMAC-Crate gibt bis zu 24 Modulen mechanischen Halt. Die Backplane enthält eine Stromversorgung ($\pm$ 6 V, $\pm$ 12 V, $\pm$24 V) und den CAMAC-Bus. Externe Zugänge wie z.B. ADC-Eingänge, Anzeigen und Bedienung sind an der Vorderseite. Module werden immer durch ihre Position adressiert, N = 1 bis 24, während der Master sich in Position 25 ganz rechts im Crate befindet. Die Position des Masters ist dadurch festgelegt, daß vom Master aus eine Reihe von Taxileitungen zu den einzelnen Modulen geführt werden. Auch ist bei CAMAC für jede Busleitung die Richtung der Daten festgelegt.

5 Bussysteme

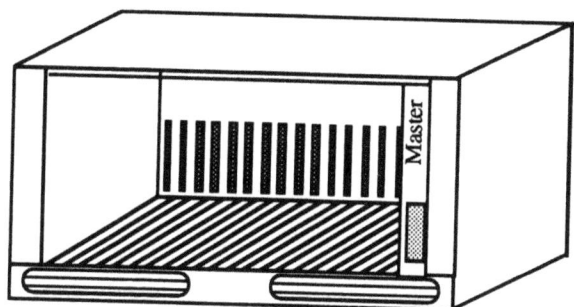

Abbildung 5.5: Ein CAMAC-Crate, der Master (z.B. Controller mit Anschluß für einen externen Computer) befindet sich in Position 25.

5.2.1.1 Der CAMAC-Bus

Der Bus auf der Backplane eines CAMAC-Crates ist eine Mischung aus reinem Bus und Taxileitungen, es wird ein 86poliger Stecker benutzt. Die Leitungen werden in Tabelle 4 beschrieben:

	Abkürzung	Leitungen	Bemerkung
Befehlsbus:			
Stationsnummer	N	1	pro Station vom Master
Subadresse	A	4	ermöglichen Subadressen pro Modul
Funktion	F	5	übermitteln 32 mögliche Befehle
Zeitsteuerung (Timing)		2	Schaltvorgänge an den Flanken
Datenbus:			
Schreibleitungen	W	24	Datentransfer vom Master zum Modul
Leseleitungen	R	24	Leseleitungen vom Modul zum Master
Status:			
Look at me (LAM)	L	1	pro Station zum Master
Bus aktiv	B	1	zeigt an, daß der Bus zur Zeit belegt ist
Antwort	Q	1	Das Modul antwortet auf einen Befehl
Befehlsquittierung	X	1	Das Modul bestätigt, daß ein Befehl angenommen wurde
Allgemeine Steuerung			
Initialisierung	Z	1	dient der Initialisierung eines Moduls
Blockierung	I	1	dem Modul wird LAM verboten
Löschen	C	1	Register im Modul werden gelöscht.

Tabelle 4: Die Leitungen des CAMAC-Busses.

Der Bus hat damit eine Reihe interessanter Besonderheiten. Zum einen erfolgt die Adressierung von Modulen wie auch die Benachrichtigung, daß im Modul Daten anliegen, nicht über Adressen, sondern über je eine Leitung pro Modul. Zum anderen gibt es getrennte Schreib- und Leseleitungen. Die Zahl der Kontrolleitungen ist sehr gering und beschränkt sich auf das wesentliche, was für die Auslese von Datenerfassungmodulen notwendig ist.

Im Slot 25 des Crates sitzt immer der *Crate Controller*. Dies kann entweder der Anschluß an einen *Branch Highway*, der mehrere Crates miteinander verbindet, einen systemspezifischen Bus (z.b. Q-Bus) oder ein eigener Mikrorechner sein. Die Crateadresse kann meistens am Cratecontroller eingestellt werden, an ein *Systemcrate* mit mehreren *Branchtreibern* können bis zu 64 Crates angeschlossen werden. Damit sind in einem CAMAC-System bis zu 64 Crates x 24 Stationen x 16 Adressen = 25 000 Kanäle anschließbar. Diese sehr große Zahl reicht für moderne Großexperimente allerdings nicht mehr aus, auch die Datenrate von 1 MB/s ist zu gering.

5.2.1.2 Aufbau eines CAMAC-Moduls

Entsprechend einfach ist der Aufbau eines CAMAC-Moduls. Abbildung 5.6 zeigt einen Zähler mit nur einem Kanal, der durch ein Gate gesteuert werden kann. Da die Schreibleitungen hierfür nicht benutzt werden, wurden sie der Einfachheit halber weggelassen.

Das Zählsignal und das Gate liegen von außen an der Frontplatte an, die Gate Logik sorgt dafür, daß der Zähler nur bei anliegendem Gate zählt.

Die Adressierung erfolgt über die N-Leitung. Die Subadresse des ersten Moduls ist typischerweise 0, das Subadressenwort wird dekodiert und das logische UND von A0 und N spricht den Zähler an. Der Funktionsdekoder dekodiert nur zwei verschiedene Befehle: "F0 = lesen" und "F10 = Zähler zurücksetzen". Bei logischem UND von Adresse und F0 wird der Inhalt des Zählers auf die Leseleitung gelegt, bei UND von Adresse, F10 und Zeitsignal wird der Zähler gelöscht.

In den Spezifikationen eines solchen Moduls müssen dann die folgenden Informationen stehen:
1. Die Subadresse (hier A0)
2. Der Befehlssatz (F0 für Lesen und F10 für Rücksetzen des Zählers)
3. Q- und x-Antwort für die Befehle.

5 Bussysteme

Ferner stehen die benötigten Spannungen und der Stromverbrauch pro Spannung in den Spezifikationen, um zu prüfen, ob die Stromversorgung des Crates ausreichend ist. Manchmal ist eine externe Stromversorgung nötig.

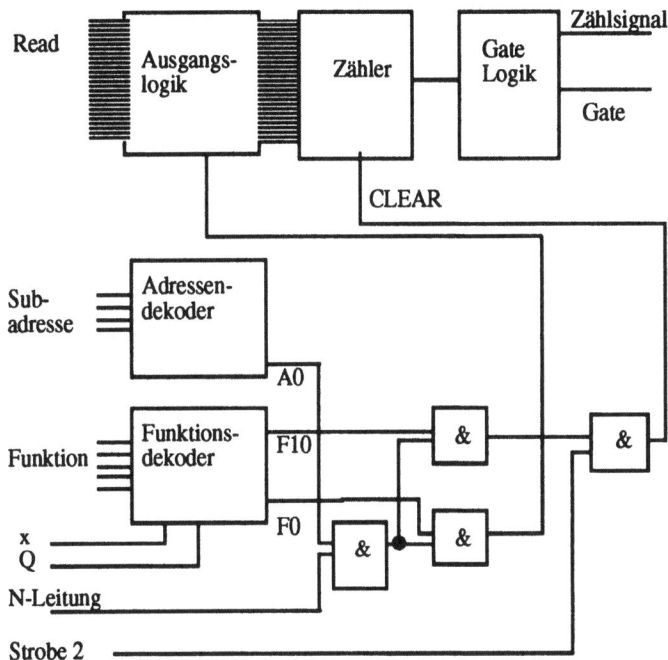

Abbildung 5.6: Ein CAMAC-Zähler

Zu beachten ist, daß viele Module die Subadressen nicht vollständig dekodieren und deshalb manchmal bei nicht existierenden Adressen ein anderer Kanal angesprochen wird.

5.2.1.3 Software für CAMAC

Ein CAMAC-Modul wird durch das CAMAC-Befehlswort angesprochen, welches die Form BCNAF hat:
B = Branch für die Bezeichnung des entsprechenden Branch Highways
C = Crate # für die Beschreibung des Crates auf dem Branch
N = Stationsnummer (1 bis 24) für die geografische Adresse des Moduls

im Crate,
A = Subadresse (0 bis 15) für die Untereinheit, und
F = Funktion (0 bis 31) für den CAMAC-Befehl.

Diese verschiedenen Wortteile werden, wie in Abbildung 5.7 gezeigt wird, in ein Datenwort gepackt. Es ist ersichtlich, daß für die eindeutige Adressierung einer Funktion innerhalb eines Crates genau 16bit benötigt werden, wenn einzelne Bytes angesprochen werden sollen. Die Größe eines Adreßraumes von 16bit beträgt 2^{16} Byte = 64KByte, so gesehen benötigt ein CAMAC-Crate im Adreßraum 64KByte.

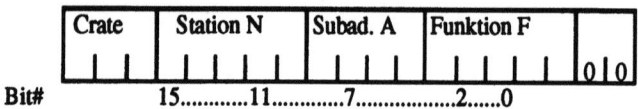

Abbildung 5.7: Grafische Darstellung der Bitfolge eines CAMAC-Wortes

Die wichtigsten CAMAC-Funktionen sind:
F0   Lesen,
F2   Lesen und Zurücksetzen,
F16 Schreiben,
F24 Das Setzen des LAM-bits verbieten,
F26 Das Setzen des LAM-bits erlauben.

Die Programmierung eines CAMAC-Auslesesystems erfolgt bei Benutzung des ESONE-Standards über Aufrufe zu einigen wenigen Unterprogrammen. Die Routine CDREG (EXT, B, C, N, A) berechnet aus der Branchnummer, Cratenummer, Stationsnummer und Subadresse die Adresse EXT einer jeden logischen Komponente. Alle Aufrufe an diese erfolgen über die Adresse EXT. Die Routine CCCZ(EXT) initialisiert das Crate, in dem das Modul mit der Adresse EXT sich befindet, CCCC (EXT) setzt den Datenbus zurück.

Mit den Unterprogrammen CFSA (F, EXT, INT, Q) bzw. CSSA (F, EXT, INTS, Q) wird die Funktion F für die Komponente EXT angefordert, die zu übertragenden Daten werden mit INT bzw. INTS bezeichnet. Der Unterschied zwischen beiden Routinen ist, daß bei CFSA 24-bit Wörter und bei CSSA 16-bit Wörter übertragen werden. Beispielsweise lädt der Aufruf von CSSA (0, EXT, RESULT, Q) das Ergebnis des 16-bit-Registers der

5 Bussysteme

Komponente EXT in die Variable RESULT. In der Variablen Q steht immer die Bestätigung, die das Modul über die Q-Leitung sendet. Fehlt Q, so kann der Datentransfer fehlerhaft gewesen sein, oder aber das Modul kann defekt sein. Dies erlaubt, schnell und effektiv nach Fehlern zu suchen.

Eine sehr schnelle Auslese von CAMAC-Modulen mit Mikrocomputern ist möglich, wenn die CAMAC-Register direkt im Adreßbereich des Prozessors liegen. Die Gesamtzahl aller möglichen Register eines Crates ist kleiner als 2^{16}, ein Crate läßt sich daher in einem nur 64 KByte großen Adressraum ansprechen. Ein solches *memory mapped* CAMAC läßt sich z.B. mit Macintosh-Rechnern und der Micron-Adapterkarte verwirklichen, auch bei der Auslese von CAMAC mit VME-Systemen (s.u.) ist dieses Verfahren üblich.

Dazu ist allerdings maschinennahe Programmierung der elementaren Aufrufe in Assembler oder C notwendig. In C können Zeiger benutzt werden, um auf die Speicherstellen zu zeigen, die den CAMAC-Registern entsprechen. Auslese aus CAMAC ist dann nicht anders als das Lesen einer Variablen, die durch den Zeiger bezeichnet wird. Genauso werden CAMAC-Register gesetzt, indem an die durch den Zeiger bezeichnete Stelle geschrieben wird.

5.2.1.4 Aufbau des Beispiels in CAMAC

Das Beispiel aus Kapitel 4.4 wird im folgenden mit CAMAC aufgebaut. Benötigt werden dazu ein CAMAC-Crate mit Cratecontroller, ein Standard Mikrocomputersystem (fast immer mit MC680x0-Prozessor) sowie 3 CAMAC-Module:
–ein ADC in Slot 1,
–ein Inputregister in Slot 2,
–ein Outputregister in Slot 3.

Ferner wird dieselbe Elektronik wie in Abbildung 4.9 eingesetzt: Diskriminatoren, RS-Flip-Flop, Verstärker. Den Aufbau des CAMAC-Teils zeigt Abbildung 5.8.

Die Software für die Auslese dieses Systems ist sehr kurz und kann daher hier kommentiert aufgelistet werden. Als Sprache wird FORTRAN verwendet, weil es auch für Nichtprogrammierer sehr gut lesbar ist und für physikalische Umgebungen ein Standard geworden ist. Auf alle sprachlich eleganteren Spracheigenschaften (While Schleifen) wurde absichtlich verzichtet, um das Beispiel in seinem Ablauf übersichtlich zu machen. Datenerfassungsprogramme werden heute allerdings zumindest teilweise maschinennah in Assembler oder C programmiert, um größere Geschwindigkeiten zu erzielen.

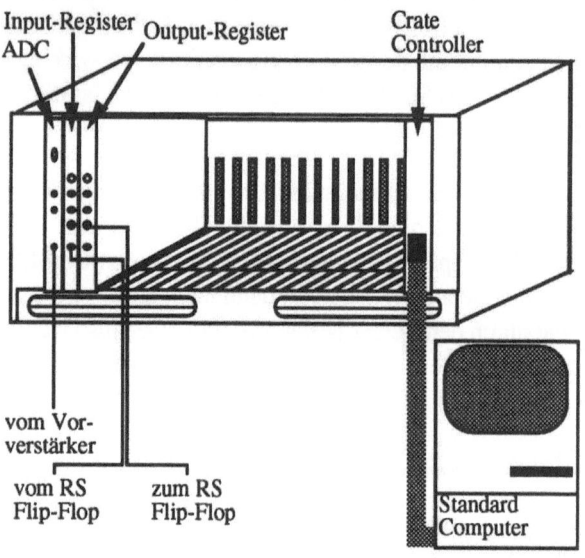

Abbildung 5.8: Beispiel: Auslese mittels CAMAC.

Initialisierung:
    CALL CDREG(ADC,0,0,1,0)   Diese 3 Aufrufe bestimmen
    CALL CDREG(INPUT,0,0,2,0)   Adressen der logischen
    CALL CDREG(OUTPUT,0,0,3,0)   Komponenten.
    CALL CCCZ(ADC)   Initialierung von Crate und Bus
    CALL CCCC(ADC)

Warteschleife auf ein Ereignis:
10 CALL CSSA(8,INPUT,INT,Q)   Testet LAM des Inputregisters
    IF(Q.EQ.0) GOTO 10   Fragt Q-Antwort ab.

Auslese eines Ereignisses:
CALL CSSA(2,INPUT, INP_WORD,Q)   Liest Bitmuster
CALL CSSA(2,ADC,ADC_COUNT,Q)   Liest ADC aus

Analyse des Ereignisses:
CALL ANALYSE(ADC_COUNT)   Benutzerroutine

Zurücksetzen des Flip-Flops, um nächstes Ereignis zu ermöglichen:
CALL CSSA(16,OUTPUT,1,Q)   Erzeugung eines Rechtecksignals
CALL CSSA(16,OUTPUT,0,Q)

Neues Ereignis möglich:
GOTO 10   Rücksprung für die Schleife

Die Vorteile eines solchen modularen Systems gegenüber einer speziell gebauten Hardware liegen auf der Hand:
– alle Module können für andere Versuchsaufbauten wiederverwendet werden,
– der Ablauf der Auslese kann durch Änderungen in der Software statt in der Hardware beeinflußt werden,
– die ebenfalls modular aufgebaute Software erlaubt, auf einfache Weise Modifikationen der Apparatur durchzuführen. So kann das Bitmuster des Inputregisters leicht benutzt werden, um verschiedene Kanäle auszuwählen und auszulesen.

Da die Hardware-Komponenten wie auch die CAMAC-Software in den meisten Fällen existieren, ist der Arbeitsaufwand für den Aufbau des Auslesesystems und die Programmierung der Auslese relativ niedrig. Der Experimentator kann sich darauf konzentrieren, die Analysesoftware zu schreiben, in die er seine Analysealgorithmen implementiert, und die Messungen durchzuführen.

5.2.2 Der IEC-Bus

Dieser zuerst von der Firma Hewlett Packard vorgestellte Bus wird auch als IEEE 488, IEC 625, GPIB oder HPIB bezeichnet. Es handelt sich um einen relativ langsamen Bus zum Anschluß von Geräten wie Digitalvoltmetern, Thermometern, Digitaloszillografen und Transientenrecordern. Auch gibt es

Impulsgeneratoren und weitere Steuerungskomponenten für den IEC-Bus, ferner ist ein CAMAC-Controller verfügbar, der damit die Integration von CAMAC erlaubt. Computerhersteller nutzen den Bus zum Anschluß von Scannern, Druckern, Plottern, Diskettenlaufwerken und sogar von Festplatten, wobei er zunehmend aufgrund seiner niedrigen Leistungsdaten durch den SCSI-Bus ersetzt wird.

Es handelt sich um einen Bus aus 8 bit gemultiplexten Adressen und Daten mit nur acht weiteren Steuerleitungen. Der Bus kann über ein Flachbandkabel geführt werden und darf bis zu 20 m lang sein. Die Datenrate beträgt 1MB/s für kurze Wege von nur wenigen m und ca. 200 kB/s über 20 m, maximal 15 Geräte sind an den IEC-Bus anschließbar. Mehrere dieser Geräte dürfen Steuergeräte sein, nur eines davon kann zu einer Zeit aktiv sein. Das Busprotokoll unterscheidet zwischen dem aktiven Steuergerät, Sprechern und Hörern. Das Steuergerät weist jeder Komponente die entsprechende Rolle zu.

Da der IEEE-488-Bus für die Auslese vorgefertigter Meßdatenerfassungssysteme weiterhin von großer Bedeutung ist, wurde im Jahr 1987 eine Erweiterung des Standards mit dem Namen IEEE-488.2 entworfen. Dieser Standard benutzt die bisher beschriebene IEEE-488-Grundlage und definiert auf dieser standardisierte Datenformate, Statusberichte, Fehlerbehandlung, Funktionen der Steuergeräte und einen Satz von Befehlen, auf den alle IEEE-488.2 Geräte in einer definierten Weise antworten müssen. Durch diesen Standardisierungsschritt sind IEEE-488.2-Systeme nicht nur wesentlich zuverlässiger, sondern auch zueinander kompatibler. IEEE-488.2 normt die Softwareebene des Protokolls auf der Basis der nun IEEE-488.1 genannten Hardware

Darüber gibt es mit dem SCPI (Standard Commands for Programmable Instruments) seit 1990 einen von mehreren Herstellern propagierten Softwarestandard, der programmierbare Instrumente steuern kann. Auf der IEEE-488.2-Norm aufgebaut, wird dadurch die Entwicklung von Datenerfassungssoftware für verschiedene IEEE-Module erheblich vereinfacht.

Schnittstellen für dieses Bussystem gibt es unter anderem für PC, PS/2 und Macintosh Computer und Sun, IBM, HP, DEC und VAX-Workstations sowie für den Fastbus, den VME-Bus, den Multibus und den SCSI-Bus. Auch gibt es Umwandler, die es an serielle (RS 232) Schnittstellen oder

5 Bussysteme

auch an Parallelports anschließen. Damit ist ein Vorteil des IEC-Busses, daß er für praktisch jedes Rechnersystem verfügbar ist.

5.2.3 Der VME-Bus

Der VME-Bus wurde nicht als Bus für die Datenerfassung, sondern als Bussystem für modulare Computersysteme entwickelt und als IEC 821 und IEEE P1014 normiert. Als Kartenformat wurde das sogenannte Europakartenformat verwendet, die übliche Kartengröße ist 160mm x 100mm oder 160mm x 216mm und damit sehr klein, soll komplexere Elektronik untergebracht werden..

Seine Basiseigenschaften sind:
- modularer Aufbau mit bis zu 21 Slots pro Crate,
- optional 16, 24 oder 32 bit Adreßbreite und 8, 16 oder 32 bit Datenbreite,
- es sind mehrere Master möglich, so daß auch Multiprozessorsysteme aufgebaut werden können,
- der Bus ist interruptfähig, wobei den einzelnen Interrupts Prioritäten gegeben werden können,
- die Übertragungsbandbreite beträgt 30 MByte/s.

Es gibt eine große Anzahl von Anbietern der verschiedenartigsten Module, so daß diese aufgrund des Konkurrenzdrucks preiswert sind.

Die meisten Eigenschaften lassen sich damit zusammenfassen, daß der VME-Bus de facto ein in ein Crate verlängerter MC680x0-Bus ist, so daß hier auch auf Kapitel 4.3.3 verwiesen sei. Entsprechend sind auch die meisten heute angebotenen VME-Bus Prozessoren vom Typ MC680x0. Inzwischen gibt es allerdings auch andere CISC- und RISC-Prozessoren für den VME-Bus. Einige Computerhersteller, wie zum Beispiel Silicon Graphics, verwenden den VME-Bus, um Peripherie, also Platten, Magnetbänder und Kommunikationsleitungen, an ihre Rechner anzuschließen.

Es gibt drei verschieden große Kartenformate: einfache, zweifache und dreifache Höhe. Entsprechend ist auch die Anzahl von 96-poligen Verbindern, die dann P1, P2 und P3 genannt werden. Stecker P1 enthält die Adressen A0-A23, die Datenleitungen D0-D15, die Interrupts I1-I7 und die gesamte Steuerung. P2 für doppelt hohe Karten enthält A24-A31, D16-D31 und 2x32 freie Stecker für einen Benutzerbus, P3 hat 96 freie Pins. Diese bis zu 160 freien Steckkontakte werden für zahlreiche Erweiterungen des VME-Standards benutzt, von denen einige in einem späteren Kapitel vorgestellt werden.

5.2.3.1 Der elektronische Aufbau des VME-Busses

Normalerweise befindet sich in Slot 0 des VME-Busses das System Controller Board, welches die Steuerung des Busses vornimmt. Auf diesem Modul gibt es die folgenden Komponenten:

- einen Treiber für den Systemtakt, der den synchronen Bus steuert,
- die Zeitsteuerung für den Bus,
- einen Treiber für einen seriellen Takt, der eine serielle Leitung steuert,
- eine Überwachungseinheit für die Stromversorgung,
- einen Treiber für die Interruptbestätigung,
- den Bus Arbiter, der für die Buszuteilung an verschiedene Master zuständig ist.

Die Steuerung des Busses ist also nicht über verschiedene Module verteilt, sondern wird von einem Modul vorgenommen. Dieses kann aber verschiedene Module zu Bus Mastern ernennen, wie dies geschieht, wird weiter unten in diesem Kapitel beschrieben.

Die Leitungen des Busses werden zu mehreren Gruppen zusammengefaßt:

Datentransferleitungen:
Datenleitungen D0-D31
Adreßleitungen A0-A31
Adreßmodifizierleitungen AM0-AM5   enthalten Zusatzinfos, wie die Adresse zu verstehen ist, z.B. Blocktransfer
Data Strobe DS0 und DS1   Pegel definieren, welches Byte angesprochen wurde, die Flanken dienen zur Zeitsteuerung.

Kontrolleitungen:
Address Strobe AS   Adressen sind elektronisch stabil
Datenbestätigung DTACK   Slave hat Daten empfangen oder gesendet.
Bus Fehler BERR

5 Bussysteme

WRITE	Legt Datenrichtung vom Master aus gesehen fest.
Arbitration Bus:	
Busanforderung BR0-BR3	Der Bus wird angefordert
BBSY Bus Busy	Der Bus ist gerade aktiv
BCLR Bus Clear	Aufforderung, den Bus frei zu machen
BR0IN – BR3IN	Verkettete Leitungen, die die
BR0OUT – BR3OUT	Busreservierung bestätigen.
Prioritäts Interrupt Bus:	
Interruptanforderung IRQ1-IRQ7	7 verschiedene Prioritäten
Interruptbestätigung IACK	
IACKIN / IACKOUT	verkettete Interruptbestätigung
Hilfsbus:	
Systemuhr, Serielle Leitung, Reset,...	

Die Buszuordnung an ein Modul, das Master werden möchte, erfolgt durch den Arbiter. Ein Modul fordert den Bus über eine der BR-Leitungen an. Der Arbiter teilt den Bus nun auf genau einer Zuteilungsleitung zu. Da diese verkettet ist, wird ein Modul, das eine passende Anforderung abgeschickt hat, die Bestätigung nicht weiterleiten, sondern den Bus für sich in Anspruch nehmen. Den Bus bekommt also immer das Modul, welches einen Request gesetzt hat und dem Arbiter am nächsten ist, also meistens eine niedrige Slotnummer hat.

Für den Arbiter gibt es verschiedene Zuteilungsalgorithmen. So kann eine Prioritätszuteilung je nach benutzter BR-Leitung erfolgen, oder aber eine *round robin* Zuteilung, die alle BR-Niveaus abwechselnd berücksichtigt. Es gibt auch noch weitere Algorithmen, deren Verwendung auf das Zeitverhalten des Systems Einfluß hat.

In jedem Mastermodul gibt es einen *interrupt handler*, der die Interrupts empfängt, sie nach der Priorität sortiert sowie den Bus anfordert. Der *interrupt handler* beginnt bei Erhalten des Busses mit der Bestätigung des Interrupts und mit der Ausführung der entsprechenden Routinen.

Bei dem VME-Bus handelt es sich um ein reines Eincratekonzept, d.h., es gibt keinen standardisierten Weg, ein System aus mehreren Crates aufzubauen. Der Anwender muß daher ein Netzwerk aus vielen Crates mit geeigneter Netzwerkhard- und Software selbst aufbauen. Dies ist ein großer Nachteil des VME-Busses im Vergleich zu CAMAC und Fastbus, einige übliche Verbindungswege werden im folgenden Abschnitt über Erweiterungen vorgestellt.

5.2.3.2 Erweiterungen des VME-Standards

Die 64 freien Pins des P2-Steckers und die 96 Pins des eventuellen P3 haben zahlreiche Erweiterungen ermöglicht, von denen hier nur einige skizziert werden können.

Der VMX-Bus ist ein paralleler Bus mit 32 bit Daten und 24 bit Adressen, der lokal einige Module verbinden kann, die auch in mehreren Crates verteilt sein dürfen. Über VMX-Busse können in einem Crate gleichzeitig mehrere Daten übertragen werden. Ein Beispiel für die Verwendung des VMX-Busses ist das UA1-Experiment, dessen Datenerfassung in Absatz 7.1 beschrieben wird.

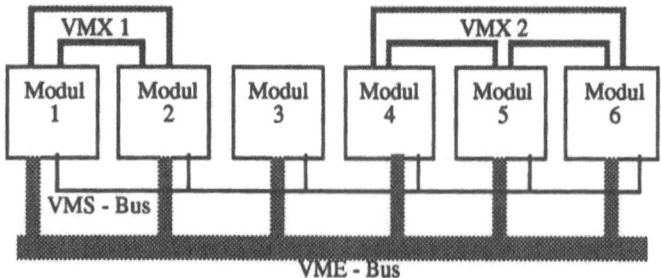

Abbildung 5.9: Ein VME-System mit 6 Modulen. Alle Module sind außerdem über den globalen VMS-Bus verbunden. Modul 1 und 2 sowie die Module 4 bis 6 sind untereinander jeweils über unabhängige VMX-Busse verbunden.

Einige Jahre später als der VMX-Bus wurde auf den gleichen Steckern der VSE-Standard verabschiedet. Dieser besitzt ein Protokoll, das dem VME-Protokoll sehr ähnlich ist, nur sind Adressen und Daten gemultiplext, um mit den freien 64 Pins des J2-Steckers auszukommen.

Der VMS-Bus ist ein globaler serieller Bus.

5 Bussysteme

Für die Verbindung zwischen maximal 31 VME-Crates kann der VIC-Bus verwendet werden, der verdrillte Zweidrahtleitungen verwendet und bis zu 100m lang sein darf. Alle Crates an diesem Bus sind gleichberechtigt, da der Arbiter über eine verkettete Leitung rotiert.

Eine interessante Ergänzung zum VME-Bus stellt der *"Autobahn-Chipsatz"* der Firma PEP dar. Hierbei werden 2 Leitungen des P1 benutzt, um sehr schnelle serielle ECL-Signale zu übertragen. Der Chipsatz erlaubt, 16 bzw. 32 bit breite Daten in ein serielles Bitmuster umzusetzen, dieses zu übertragen und dann zurückzuverwandeln. Dabei werden Übertragungsleistungen von über 200 MByte/s erzielt. Diese Rate macht aus dem VME-Bus eines der schnellsten Bussysteme und erfüllt die Anforderungen moderner Experimente an hohe Datenraten.

Ebenfalls eine entscheidende Leistungsverbesserung stellt der VME64 dar, ein Bus, der die 32bit Adressen- und Datenleitungen zusammen für 64bit gemultiplexte Daten verwendet. Damit wird im speziellen synchronen Blocktransfermodus eine Übertragungsleistung von 160MByte/s erreicht.

5.2.3.3 Der VXI-Bus und der MXI-Bus

Der VXI-Bus (*VME-Bus Extensions for Instrumentation*) wurde aus dem VME-Bus weiterentwickelt, um die höheren Anforderungen zu erfüllen, die schnelle Analogsignale oder ECL-Signale an eine Backplane stellen. Er besteht aus einer ganzen Sammlung zusätzlicher Sonderbusse, einiger zusätzlicher Zeitsignale und Stromversorgungen, die Angaben gelten für die Ausführung mit 3 Steckern (Größe D):

Star Bus : Zwischen Slot 0 und den Steckplätzen 1 – 12 sind sternförmig 2 serielle Leitungen mit einer Transferrate von 100 Mbit/s geschaltet.
Local Bus: jedes Modul hat je eine 36 bit breite Verbindung zum rechten und zum linken Nachbarn.
Triggerbus: Für Triggerzwecke dienen 8 TTL-Leitungen und 6 ECL – Leitungen.
Sumbus: Eine Analogleitung, auf der die analoge Summe aller anliegenden Pegel gebildet wird.

Zu den Spezifikationen des VXI gehört auch, daß die Module einzeln abgeschirmt werden, so daß analoge HF-Signale in VXI-Systemen weit besser als in anderen VME-Varianten verarbeitet werden können. Der Kartenabstand ist dafür etwas größer, ein Crate enthält maximal 13 Einschübe. Gerade für Messungen mit hoher Präzision hat der VXI-Bus damit technische Vorteile. Der VXI-Standard erlaubt doppelt hohe und dreifach hohe Karten. Die Kartengröße beträgt 340 mm x 233 mm bzw. 340 mm x 366 mm. Dies ist doppelt so tief wie die Europakarten des VME, darauf lassen sich auch anspruchsvolle Schaltungen verwirklichen. Allerdings ist das Angebot an VXI-Modulen wesentlich kleiner als das von VME-Modulen, auch die Preise sind durch die anspruchsvolle Technik und die kleinere Auflage wesentlich höher, teils sogar höher als bei Fastbus.

Für größere Experimente reichen 13 Einschübe bei weitem nicht aus. Für die Kopplung mehrerer VXI-Rechner lassen sich der langsame GPIB, Ethernet oder der dafür speziell entwickelte MXI-Bus verwenden. Dieser kann auch für den Anschluß an Wirtsrechner benutzt werden und die Module in verschiedenen VXI-Crates oder VME-Crates softwaremäßig so behandelt, als befänden Sie sich in einem großen Crate. Es wird ein Adreßraum aufgebaut, der die Adreßräume der einzelnen Crates umfaßt. Die MXI-Adapter blenden jeweils den zutreffenden Adreßraum aus und adressieren damit die zugehörigen Module.

Die maximale Transferrate des MXI beträgt 20 MB/s, der Bus kann maximal 8 Geräte mit einer Gesamtlänge von bis zu 20m verbinden.

5.2.3.4 Das Betriebssystem OS 9:

Als Betriebssystem auf VME-Rechnern hat sich OS 9 für MC680x0-CPUs durchgesetzt, für RISC-Prozessoren werden verschiedene UNIX-Derivate benutzt (z.B. die Neuentwicklung LynxOS). OS 9 wurde speziell als Multitasking-Echtzeit-Betriebssystem entwickelt, wie alle modernen Systeme ist es mehrstufig aufgebaut. Im Erscheinungsbild ist es ähnlich zu UNIX.

Die unterste Stufe wird *Kernel* genannt und ist für die wichtigsten Systemaufgaben zuständig. Dazu gehören ein *Clock* Modul, welches eine Echtzeituhr ermöglicht, ein *INIT* Modul, welches für den Systemstart benötigt wird, eine Bibliothek für mathematische Funktionen, eine Bibliothek für Ein-Ausgabe-Befehle, und einige weitere Module.

5 Bussysteme

Die nächsthöhere Stufe stellen die *File Manager* dar, Softwaremodule, welche die verschiedenen prinzipiell erlaubten Datenformate verwalten. Es gibt:
– den *Random Block File Manager*, der Magnetplatten oder Disketten verwaltet,
– den *Sequential Block File Manager*, der z.b. für Magnetbänder und andere Formen sequentieller Daten zuständig ist,
– den *Sequential Character File Manager* für Terminals und Drucker,
– den *Interprocess Communication File Manager* oder auch im UNIX-Slang *Pipe File Manager* genannt, der den Transport von Daten zwischen Prozessen erlaubt,
– und den *Network File Manager* für die Einbindung des OS 9-Systems in ein Netzwerk.

Die File Manager behandeln grundsätzlich die verschiedenen Datentransportarten, wissen aber zum Beispiel nichts über die technischen Einzelheiten spezieller Controller.

Die dafür notwendige Software sind die *Device Driver*, Treiber, die die physikalische Ein- und Ausgabe für die verschiedenen Controller und sonstigen Module behandeln. Der zu einem ADC gehörende Device Driver enthält zum Beispiel die Software, die nötig ist, um Daten aus dem ADC auszulesen.

Die oberste Stufe stellen die *Device Descriptors* dar. Sie sind Tabellen, die die logischen Ein- oder Ausgabeports verknüpfen mit:
– einem logischen Namen,
– einem Device Driver,
– einem File Manager,
– einer physikalischen Adresse und
– einem Datensatz mit den Initialisierungsdaten.

5.2.4 Fastbus

Der Fastbus ist ein moderner, schneller Bus, der speziell für die schnelle Datenerfassung komplexer Experimente entwickelt wurde. Er wurde durch

die Publikation IEC 935 1990 genormt und zeichnet sich aus durch:
- die Möglichkeit, mehrere Master auf einem Bus zu haben,
- ein Konzept, viele Crates miteinander zu verbinden.
- 195 Leitungen auf der Backplane und noch weitere 195 Leitungen auf einer Hilfsbackplane,
- den in ECL-Technik gebauten 32-bit Adreß- und Datenbus, der eine Transferrate von 40 MByte/s erreicht,
- symmetrische Entscheidungen bei mehreren gleichzeitigen Busanforderungen werden nach voreinstellbarer Priorität getroffen,
- Größe der Karten und damit verbundener Aufnahme vieler Kanäle,
- Angebot spezieller hochwertiger Module für die Datenerfassung.

Diese bestechenden Eigenschaften sind allerdings mit einer Reihe Nachteile verknüpft:
- Wegen des Einsatzes von ECL-Technik besteht ein hoher Kühlungsbedarf,
- es gibt nur wenige Anbieter und damit ein begrenztes Angebot an Modulen,
- die geringe Konkurrenz zusammen mit der aufwendigen Technik macht ein Fastbussystem teurer als ein VME-System.

Das Konzept von Fastbus beruht auf der Definition von Segmenten. Ein Segment ist ein autonomer Bus zwischen Master und Slaves. Dabei gibt es zwei verschiedene Formen von Segmenten, die physikalisch sehr unterschiedlich, in der Logik aber praktisch identisch sind: das *Crate Segment* und das *Cable Segment*. Segmente werden untereinander über ein *Segment Interconnect* Modul (SI) verbunden, dabei dient ein Cable Segment im allgemeinen dazu, mehrere Crates miteinander zu verbinden, wie Abbildung 5.10 zeigt. Ein Host Computer liest über ein Prozessorinterface ein Cable Segment aus, über das in diesem Falle zwei Crate Segmente angeschlossen sind. Das Prozessorinterface wird im allgemeinen der Master dieses Segments sein, solange nicht ein Segment Interconnect diese Rolle übernimmt. Beide Crates haben einen eigenen Master, zum Beispiel ein Prozessorboard.

Das linke Crate liest über ein weiteres Cable Segment ein weiteres Crate aus, das keine weitere CPU enthält, hier ist der SI immer der Master.

5 Bussysteme

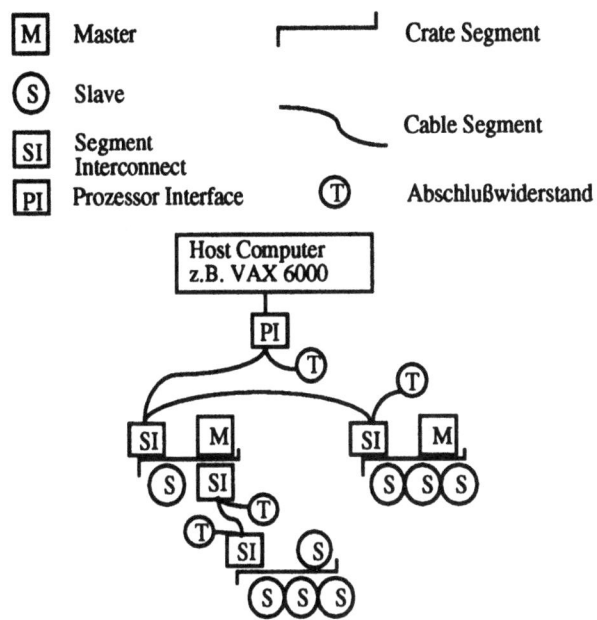

Abbildung 5.10: Ein Fastbus-System mit mehreren Cable und Crate Segmenten.

Die Adressierung von Fastbusmodulen erfolgt durch drei verschiedene Adressierungsarten: Die logischen Adressen werden den Modulen beim Systemstart gegeben, die geografischen Adressen beinhalten die Slotnummer 0-25 im Crate und sind für Cable Segments einstellbar. Außerdem gibt es Broadcast Adressen, die alle Module ansprechen.

Datenworte können bei Fastbus einzeln, in Blöcken oder als Datenstrom (*Pipeline*) gesendet werden. Beim Blocktransfer wird, nachdem Master und Slave eine Verbindung aufgebaut haben, eine beliebige Anzahl von Worten übertragen, wobei sie jeweils quittiert werden. Beim Pipelinetransfer werden die Daten mit maximal möglicher Geschwindigkeit gesendet, ohne auf die Quittierung zu warten.

Fastbus wird meistens benutzt, um Daten in einen Auslesecomputer (*Host*) zu lesen, dabei werden als Auslesecomputer häufig VAX-Rechner unter dem Betriebssystem VMS, UNIX-Systeme oder VME-Systeme mit dem System

OS 9 benutzt. Die Auslesesoftware läuft auf diesen Hosts, notwendige Software für Fastbusmodule wird von diesen Rechnern in die Module geladen.

Eine interessante Variante ergibt sich, wenn Fastbus und VME-Bus gemischt eingesetzt werden. Der Fastbus stellt dann typischerweise die Frontelektronik dar, in Fastbuscrates sitzen die Wandler und Signalprozessoren für die Datenreduzierung. Die Steuerrechner im VME lesen den Fastbus aus und fügen die Daten dann im VME zusammen.

Mit dem *CERN Host Interface Processor System* CHIPS gibt es ein leistungsfähiges Prozessormodul mit dem MC68030-Prozessor, das als intelligenter Master in der Lage ist, selbständig auch große Fastbussysteme zu steuern und die Daten lokal mittels SCSI-Bus auf Massenspeicher zu schreiben oder aber über Ethernet an andere Rechner zu senden.

5.2.5 Die SCI-Schnittstelle

Es gibt, speziell für die Generation der LHC-Experimente, Bedarf an Datentransfers mit weit mehr als 1000 MByte/s. Die IEEE hat 1992 einen neuen Standard IEEE 1596 verabschiedet, das *scalable coherent interface*, abgekürzt SCI. Ursprünglich, unter dem Namen Superbus, wurde diese Schnittstelle für den Bau massiv paralleler Computer geplant, einige Hersteller solcher Systeme wollen SCI intern oder auch als offenen Bus verwenden. Die Aufgaben paralleler Datenerfassung sind den Problemen massiv paralleler Systeme so ähnlich, daß auch für zukünftige Experimente SCI von Interesse ist.

Ein Durchsatz oberhalb von 1 GB/s ist mit konventioneller Bustechnik nicht mehr möglich, die maximale auf einer parallelen Backplane ohne Störungen heute mögliche Taktrate beträgt ca. 40MHz. Selbst bei einer Datenbreite von 128bit ergibt dies nur 720MB/s. Ähnlich wie HIPPI verwendet SCI deshalb nur Punkt- zu Punkt-Verbindungen. Dabei ist das Protokoll genormt. Die Größe der Adressen beträgt 64bit, davon werden die obersten 16 benutzt, um den Knoten zu adressieren. Ein SCI-System kann also aus 64K Knoten bestehen. Für die einzelnen Knoten stehen 47bit Adressen zur Verfügung, genug, um 140 000GByte zu adressieren.

5 Bussysteme

Für die technische Ausgestaltung gibt es verschiedene Möglichkeiten. Genormt sind zur Zeit eine Ausführung mit 16bit breiten differentiellen ECL-Kanälen (1 GB/s) und ein bitserieller Kanal mit 1Gbit/s, der über eine Glasfaser Längen von einigen km erlaubt. Weitere Normen werden folgen, so ist es möglich, immer wieder neue Technologie zu implementieren, ohne das Konzept zu verlassen. Genauso wird es auch immer preiswerte Verbindungen reduzierten Durchsatzes geben.

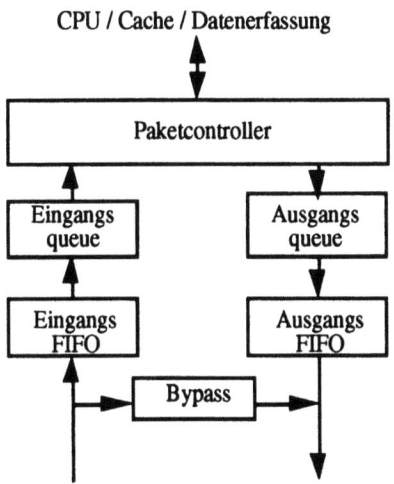

Abbildung 5.11: Aufbau einer SCI-Knotenschnittstelle

Den Aufbau einer SCI-Knotenschnittstelle zeigt Abbildung 5.11. Daten, die für den Knoten bestimmt sind, werden durch den Eingangs-FIFO und die Eingangswarteschlange zum Knoten transportiert, die anderen durch den Bypass gleich zum Ausgang weitergegeben. Die Ausgabe der Daten aus dem Knoten geschieht durch eine weitere Warteschlange und den Ausgangs-FIFO.

Das SCI-Netz wird im einfachen Fall als Ring aufgebaut, für das richtige Weiterleiten der Pakete sind dann die Knotenschnittstellen verantwortlich. Die Knotenschnittstelle kann sich in drei verschiedenen Zuständen befinden, die Abbildung 5.12 zeigt. Ist sie inaktiv, so gibt sie am Eingang ankommende Pakete direkt weiter. Im Sendebetrieb sendet sie Daten, einlaufende Pakete werden zwischengespeichert. Im Schleifenbetrieb wartet sie auf das eigene Paket, das den Ring einmal durchlaufen muß, und gibt andere Pakete weiter. Das eigene Paket wird dann vom Ring genommen, der Sender kann nun davon ausgehen, daß es beim Empfänger vorbeigekommen ist.

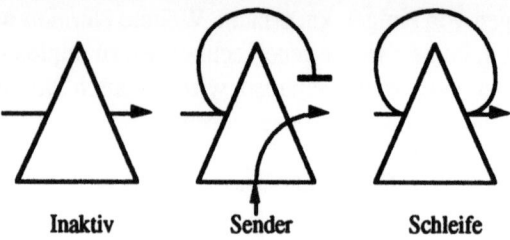

Abbildung 5.12: Zustände der SCI-Knotenschnittstelle

Der Gesamtdurchsatz kann erhöht werden, wenn anstelle des Rings sternförmige Verbindungen zu einem zentralen Verteiler (*Switch*) benutzt werden. Reale Systeme werden beide Prinzipien gemischt verwenden. SCI-Schnittstellen gibt es unter anderem für den VME-Bus, den Future-bus+, den Turbochannel und den Sbus.

Der Serialbus IEEE1394 ist ein preiswerter Industriebus mit einem Durchsatz von 100 Mbit/s. Er ist speziell für den Anschluß von Peripherie an kleine Computer geeignet, die Computerindustrie betrachtet ihn als eine Vervollständigung der Liste der genormten Busse. In Datenerfassungsystemen ist er ein Kandidat für die Kommunikation zwischen Crates, eventuell auch unterschiedlichen Typs, und zu Einzelmodulen, die keinem Bus angehören. Damit überschneidet sich sein Einsatzbereich sowohl mit schnellen Netzwerken als auch mit dem IEC-Bus. Das Protokoll ist ähnlich wie beim SCI.

5.3 Vergleiche verschiedener Bussysteme

In diesem Kapitel sind viele, sehr unterschiedliche Bussysteme vorgestellt worden. Es ist schwer, abzuschätzen, welche Systeme sich langfristig auf dem Markt durchsetzen werden. Hier seien einige Vergleiche gemacht.

Kommt es darauf an, mit existierender Standardsoftware ein kleineres Experiment mit einer Datenrate unterhalb von 1MByte/s auszulesen, ist

5 Bussysteme

CAMAC die beste Wahl. Es ist ein etablierter Standard, der weite Verbreitung gefunden hat und deshalb noch lange Zeit leben wird. Auch der IEC-Bus hat hier sein Anwendungsfeld, wobei er besonders für Überwachungssysteme geeignet ist.

Für schnellere Auslesen, ca 10MByte/s, sind Fastbus und VME in Betracht zu ziehen. Fastbus ist ein technisch sehr gute Lösung, die sich aber im Industriebereich nicht durchgesetzt hat. Sind große Karten oder ECL-Signale wichtig, heißen die Kandidaten Fastbus oder VXI-Bus Typ D, wobei Fastbus dann sogar die preiswertere Lösung ist. Für den Fastbus gibt es viele sehr gute Module speziell für die Datenerfassung, für den VME-Bus gibt es ein viel breiteres Angebot allgemeiner Module wie zum Beispiel Prozessoren und Netzwerkkarten. Für Fastbus gibt es ein Multicratekonzept, für VME müssen Erweiterungen wie VIC-Bus oder MXI-Bus benutzt werden. Aus der Intensität, mit der die Fastbus-versus-VME-Diskussion in vielen Experimenten geführt wurde und wird, kann man ersehen, daß es hier keinen klaren Gewinner gibt.

Bei Geschwindigkeiten oberhalb von 50 MB/s sind VME64 oder Futurebus+ geeignet, oder auch andere VME-Erweiterungen, wobei das Angebot an geeigneten Komponenten abzuwarten ist. Für den Datentransport kommen SCI oder HIPPI in Frage. Oberhalb von 100MB/s sind SCI-Ringe und Switches sowie der Futurebus+ die einzigen Lösungen, eventuell auch der *Autobahn*-Chip im VME-Bus. Wohl nur SCI-Netze mit Switches kommen in Betracht, wenn GB/s die Größenordnung darstellen.

6 Kommunikation und Netzwerke

In der Datenerfassung dienen Netzwerke dem Datentransport vom Experiment zu Rechnern, zum Laden der Software der verschiedenen Prozessoren, zur Steuerung des Experimentes und zur Koordinierung verschiedener Prozesse im Gesamtsystem.

6.1 Grundlagen der Datenkommunikation

Alle heutigen Netzwerke haben ein mehrstufiges Konzept. Auf einer Hardware läuft ein gewisses Protokoll, und dieses wird von den Anwendungen benutzt. Allgemein akzeptiert wird heute das OSI-7-Schichtenmodell, das in Abbildung 6.1 gezeigt wird.

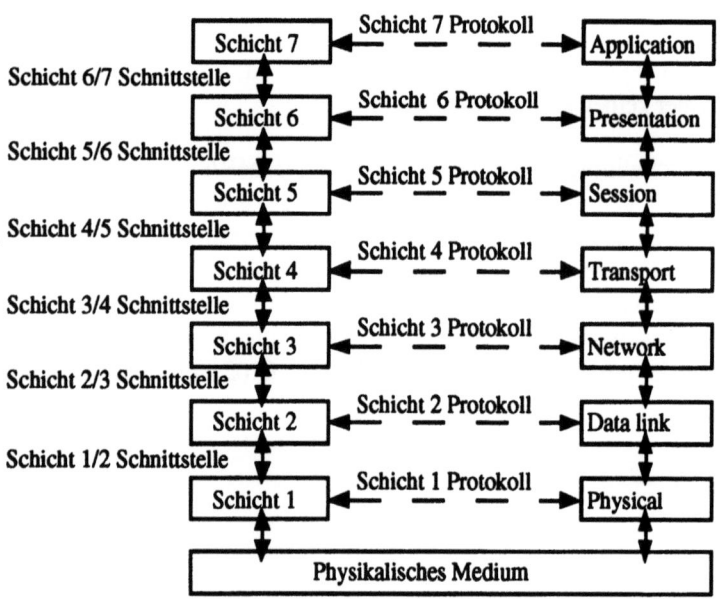

Abbildung 6.1: OSI 7-Schichtenmodell der Datenkommunikation

Unter diesem Modell liegt das physikalische Medium, häufig auch als Schicht 0 bezeichnet. Häufig benutzte Medien sind elektrische Kabel, verdrillte Paarleitungen, Koaxialkabel, Glasfasern, aber auch Richtfunkstrecken.

6 Kommunikation und Netzwerke

6.1.1 Der Physical Layer

Dieses Medium wird von der physikalischen Schicht benutzt, die den Transport eines Bits definiert. Dazu gehören die Definition der 0- und 1-Pegel, die Dauer eines Bits, die möglichen Übertragungsrichtungen (simplex, halb duplex, duplex) und der physikalische Verbindungsaufbau, z.b. durch Schalter. An dieser Stelle werden auch "Kleinigkeiten" wie zum Beispiel Steckerbelegungen definiert. Im allgemeinen ist das Design eines Physical Layers eine Aufgabe für den Elektronikingenieur.

Werden zwei oder mehr Netze auf dieser Ebene miteinander verknüpft, so wird das Verbindungselement *Repeater* genannt. Repeater dienen der Signalverstärkung, der Rauschunterdrückung und der Umwandlung von Signalen auf verschiedene Medien. So kann ein geeigneter Repeater zum Beispiel Daten bitweise von einem Koaxialkabel in eine Glasfaser einspeisen.

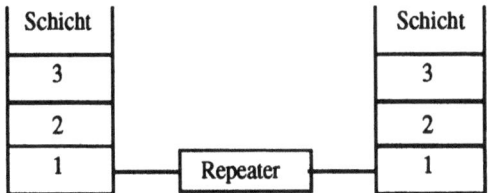

Abbildung 6.2: Verbindung zweier Netzwerke auf dem Physical Layer mittels Repeater

6.1.2 Der Data Link Layer

Die zweite Ebene ist verantwortlich für den fehlerfreien Transport von Daten über den Physical Layer. Dazu teilt sie die Daten in Pakete und überträgt diese Pakete nacheinander, anschließend werden die Pakete auf innere Konsistenz geprüft. Eventuell wird innere Redundanz benutzt, um defekte Datenpakete zu reparieren. Bei Bedarf wird eine Empfangsbestätigung zurückgesendet und bearbeitet. Als defekt reklamierte Pakete werden ein zweites Mal gesendet. Erfolgt keine Empfangsbestätigung, so werden die Pakete ebenfalls nochmal gesendet. Meistens gibt es eine maximale Anzahl von Versuchen.

Wenn nicht das Paket, sondern die Quittierung auf dem Netz verlorengegangen ist, werden so doppelte Pakete erzeugt, auch kann die Reihenfolge der Pakete durcheinandergeraten. All diese Probleme des Verkehrsflusses muß der Data Link Layer lösen, wobei im einzelnen definiert sein muß, welche Zuverlässigkeit erreicht soll und wie bei auftretenden Fehlern verfahren wird.

Eine Ebene 2 kann Serviceklassen verschiedener Qualität und unterschiedlichen Preises anbieten. Eine Serviceklasse kann beispielsweise ganz ohne Empfangsbestätigung und Quittierung immer nur senden und auf das Funktionieren des Empfängers hoffen. Für Sprachübertragung ist dies sicher der beste Weg, weil es günstiger ist, wenn mal ein Paket verloren geht oder ein Ton etwas defekt ist, als wenn bei vielen Neuversuchen der Sprachfluß ins Stottern gerät. Binäre Daten dagegen müssen oft exakt richtig übertragen werden.

Für Datenerfassungssysteme ist hierbei oft ein Kompromiß notwendig. Einerseits müssen die Ereignisse richtig sein, andererseits könnten zu häufige Neuversuche den Datenfluß stören und die Auslese blockieren, was zu schwer bestimmbarer Totzeit führen würde. Es kann daher bei aller Vorsicht besser sein, defekte Ereignisse einfach zu verwerfen.

Werden zwei Netze auf dieser Ebene verbunden, so wird die entsprechende Komponente *Brücke (Bridge)* genannt, eine solche Netzwerkbrücke zeigt Abbildung 6.3.

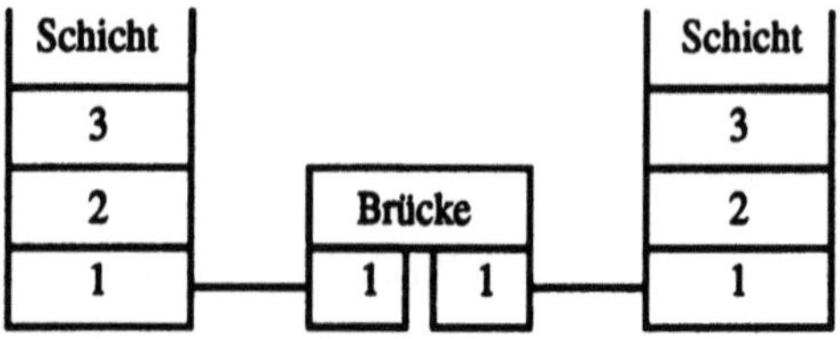

Schicht			Schicht
3			3
2	Brücke		2
1	1	1	1

Abbildung 6.3: Eine Brücke verbindet Netzwerke auf dem Data Link Layer.

Die Brücke dient der Fehlerbehandlung und einer eventuellen Paketumformung. Sie überprüft die Konsistenz der Pakete, und nur als fehlerfrei erkannte Pakete werden weitergeleitet. Im Gegensatz zum Repeater, der alle Daten weiterleitet, kann so die überflüssige Weiterleitung bereits defekter

Pakete vermieden und damit Datenübertragungskosten gespart werden. Die Investition in eine teurere Brücke kann sich damit schnell bezahlt machen.

Nicht verwechselt werden darf eine Brücke nach dieser OSI-Definition mit den weiter unten beschriebenen Ethernetbrücken, da diese besondere Filterfunktionen haben und daher eher den in 6.1.3 beschriebenen Routern nahekommen. Der unterschiedliche Gebrauch des gleichen Namens erklärt sich daher, daß das Ethernet viel älter als die OSI-Norm ist.

Die Data Link Layer, die eine Brücke verbindet, können sehr verschieden sein, zum Beispiel können sie unterschiedliche Geschwindigkeiten haben.

6.1.3 Der Network Layer

Die nächsthöhere Schicht 3 kontrolliert die Funktion eines Subnetzes und steuert den Weg der Daten von der Quelle zum Ziel. Hier muß jetzt die Information über den Verkehrsweg vorliegen, dieser Vorgang wird *routing* genannt. Die Information kann entweder als statische Information in Tabellen vorliegen, oder aber sie ist dynamisch auf dieser Ebene in jedem Datenpaket enthalten. Für jede Verbindung, die auf dieser Schicht existiert, muß die Routinginformation vorhanden sein. Zum Network Layer gehört auch die Behandlung von Störungen und Engpässen, das Erstellen von Kostenabrechnungen und die Auswahl adäquater Data Link Layer, so daß auf dieser Ebene bereits sehr heterogene Netzwerke verbunden werden können.

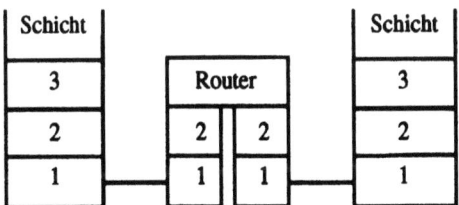

Abbildung 6.4: Ein Router verbindet Netze im Network Layer.

Ein Verbindungselement auf der dritten Ebene heißt *Router*. Dieser kennt und steuert die Verkehrswege, verbindet heterogene Netzwerke und sorgt für die Rechnungsstellung. Die verschiedenen Router eines Netzwerkes müssen häufig Informationen über ihre Verkehrswege und deren Zustand austauschen, dafür werden Routingprotokolle benötigt. Solche Routingprotokolle verbrauchen erhebliche Bandbreite auf vielen Netzen.

6.1.4 Die Schichten 4 bis 6 des OSI-Modells

Die bisher beschriebenen untersten drei Schichten besitzen jeweils einen großen Umfang unterschiedlichster Aufgaben, dagegen sind die nächstfolgenden drei Schichten weniger umfangreich. Dies wird bei der Diskussion über das OSI-Modell oft kritisiert.

Der *Transport Layer* ist die Zwischenschicht zwischen Session und Network Layer. Er dient zum Aufteilen und Zusammenfügen von Paketen, kann gleichzeitig mehrere Transportverbindungen aufmachen oder aber mehrere Sessions auf einen Transportweg zu multiplexen. Er stellt damit eine End zu End Verbindung zwischen Datenquelle und Ziel dar und weiß nichts mehr über dazwischenliegende Verkehrswege. Ab dieser Ebene werden zur Bezeichnung der Partner Namenskonventionen benutzt.

Der *Session Layer* erlaubt es, Sessions (Sitzungen) zu eröffnen. Beispiele für eine solche Session wäre das Einloggen als interaktiver Benutzer auf einen anderen Rechner oder ein Filetransfer. In dieser Ebene findet eine Dialogkontrolle, eventuell die Kontrolle auf das Vorhandensein eines Token und die Synchronisation verteilter Prozesse statt.

Der *Presentation Layer* dient der Interpretation der Daten. Hier wird entschieden, ob es sich um einen binären Datensatz, um einen ASCI-Text oder etwa um eine EBCDIC-Darstellung handelt. Beim Austausch von Daten erfolgt dann eine dementsprechende Umformung, so muß ein Text, der von einer IBM unter MVS oder VM zu einem Standardsystem transferiert wird, von EBCDIC nach ASCI übersetzt werden. Hier ist Vorsicht geboten, denn so mancher binäre Datensatz ist schon beim Transfer durch genau diese "Übersetzung" verstümmelt worden.

6 Kommunikation und Netzwerke

6.1.5 Die Anwendungen

Die oberste Schicht, der *Application Layer*, stellt das aktuelle Benutzerprogramm dar. Hierzu gehören Terminal-Emulationen, File-Transfer, elektronische Post, elektronische Konferenzsysteme, Datenquellprogramme und Datenzielprogramme.

Der große Vorteil von OSI-Netzwerken und anderen kompatiblen, mehrschichtigen Netzwerken ist, daß diese Anwendungen die unterschiedlichsten zugrundeliegenden tieferen Schichten benutzen können. Ganz wesentlich ist dafür, daß immer die gleichen Layer miteinander verknüpft werden, niemals dürfen direkte Verbindungen zwischen unterschiedlichen Schichten hergestellt werden.

Werden Netzwerke auf Ebenen oberhalb des Network Layers verknüpft, so wird das entsprechende Element *Gateway* genannt. Diese Bezeichnung wird auch dann benutzt, wenn zu nicht OSI-artigen Netzwerken verbunden werden soll. Ein Beispiel dafür wäre ein *DECnet – SNA Gateway* zur Integration der Netzwerkwelten von Digital und IBM. In diesem Falle müssen diese Gateways meistens bis hinauf zu den Anwendungen gehen, das Umsetzungsverhalten der Stufen der OSI-Netze kann dann nicht ausgenutzt werden.

Die real vorhandenen Netzwerke werden in die Gruppe der Weitverkehrsnetzwerke (WAN) und die der Nahbereichsnetzwerke (LAN) eingeteilt, wobei im allgemeinen die Geschwindigkeiten der LAN weit höher als die der WAN sind. Für Zwecke der Datenerfassung sind die LAN von größerer Bedeutung als die WAN, die für die Verbindung zu weit entfernten Experimenten benutzt werden.

6.2 Ethernet

Das verbreitetste Netzwerk für Nahbereichsnetze ist das Ethernet. Es handelt sich dabei um ein CSMA/CD-Netzwerk (Carrier Sense Multiple Access / Collision Detect) mit einer Übertragungsgeschwindigkeit von 10Mbit/s, dessen Funktionsweise im folgenden erläutert wird. Die Bitdarstellung erfolgt durch Manchesterkodierung. Bei diesem Kodierverfahren wird die Zeitdauer eines Bits in zwei Teile geteilt, wobei in der Mitte eines Bits immer ein Übergang erfolgt. Dieser Übergang kann für jedes Bit neu zur Synchronisation von Sender und Empfänger verwendet werden, so daß die synchrone Übertragung großer Datenpakete ohne weitere Zeitabstimmung möglich ist.

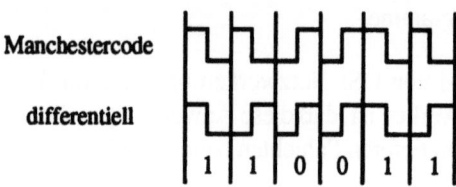

Abbildung 6.5: Darstellung der Binärzahl 110011 im Manchestercode (oben) und im differentiellen Manchestercode (unten)

Beim Manchestercode wird eine logische Eins durch die Folge high/low, eine Null durch low/high dargestellt. Beim differentiellen Manchestercode erfolgt bei einer Eins keine Änderung bei Intervallstart, bei einer Null immer eine Änderung bei Intervallstart. In der Mitte eines Bits ist immer ein Übergang. Der differentielle Manchestercode ist komplizierter zu implementieren, dafür aber noch besser zu synchronisieren und damit noch störungsunanfälliger. Abbildung 6.5 zeigt die Darstellung der Binärzahl 110011 , die den dezimalen Wert 51 oder die ASCI-Ziffer 3 darstellt, in beiden Codes.

6.2.1 Multiple Access Protokolle

Diese gesamte Gruppe von Protokollen basiert auf Entwicklungen, die in den 70er Jahren an der Universität Hawai mit dem dortigen ALOHA-System begannen. Dieses Netzwerk wurde zunächst mit Radiosendern verwirklicht und basiert auf einem einfachem MA-Protokoll:
1) Jeder Sender darf jederzeit senden, wenn er Daten abschicken will. Außerdem empfängt er gleichzeitig das eigene Paket.
2) Stimmt dieses empfangene Paket nicht mit dem abgesendeten überein, so ist es zerstört worden. Wahrscheinlich hat ein anderer Sender dazwischengefunkt, so daß eine Kollision vorliegt.
3) Jeder Sender wartet nun eine zufällige Zahl von Paketlängen und sendet

6 Kommunikation und Netzwerke

dann erneut. Würden es beide sofort wieder versuchen, käme es ständig wieder zu Kollisionen, die das gesamte Netzwerk auf Dauer blockieren würden.

Bei diesem Protokoll ist nur bei sehr niedriger Last die Wahrscheinlichkeit von Kollisionen gering. Der höchste Durchsatz wird erzielt, wenn im Mittel 50% der Zeit für Versuche benutzt wird, und beträgt dann 18,4 % der physikalischen Bandbreite. Bei weiter steigender Last nimmt die Zahl der Kollisionen so stark zu, daß der Durchsatz wieder sinkt. Das Netzwerk geht in einen Zustand der Übersättigung und wird sehr langsam. Werden Übertragungsversuche nur zu festen Zeiten erlaubt (Slotted ALOHA), so kann immerhin ein Durchsatz von 36,8 % erreicht werden.

Im reinen MA-Protokoll ist es allerdings unsinnig, daß ein Sender eine Übertragung beginnt, obwohl er bereits etwas empfängt. Er zerschießt nicht nur das fremde Datenpaket, sondern auch das eigene hat keine Chance, unbeschädigt anzukommen. Es ist deshalb besser, zu warten, bis der Kanal frei ist, also nur noch die Trägerfrequenz (*Carrier*) auf dem Netzwerk anliegt. Diese Form von Protokollen wird mit CSMA (Carrier Sense Multiple Access) bezeichnet.

Wird nach Abschluß eines Paketes immer sofort ein Übertragungsversuch gestartet (*1-beharrend*), so ist die Gefahr von Kollisionen nach einem Paket noch recht groß, der maximal erzielbare Durchsatz beträgt aber trotzdem 55%. Sind die Sender etwas rücksichtsvoller und senden nur mit 50% Wahrscheinlichkeit und warten ansonsten eine gewisse Zeit (*2-beharrend*), so ist bereits ein Durchsatz von 70 % zu erreichen. Wenn dagegen nur ein Sender das Netzwerk mit vielen Paketen benutzen will, so verliert dieser mit dem Warten Zeit.

Bei nicht beharrenden Netzwerken wartet jeder Sender bei anliegender Trägerfrequenz eine zufällige Zeit, so kann ein Durchsatz von mehr als 90% erzielt werden, allerdings wird die Bandbreite bei niedriger Last geringer. Das CSMA-Protokoll läßt sich noch verbessern, indem immer dann, wenn ein Sender eine Kollision erkennt, er sofort die Übertragung abbricht. Dies spart natürlich Zeit und erhöht den möglichen Durchsatz, dieses Verfahren wird mit Collision Detection (CD) bezeichnet. Ein modifiziertes 2-beharrendes CSMA/CD-Netzwerk mit 10Mb/s wurde als IEEE 802.3-Standard verabschiedet und trägt den Namen Ethernet.

Bei einer Kollision wartet jeder Sender entweder nicht oder eine Zeitspanne von 51,2 µs, diese Länge errechnet sich aus der Laufzeit auf 5 km Koaxialkabel und der Verzögerung durch vier dazwischenliegende Repeater. Kollidieren die Pakete wiederum, so wird 0 bis 3 Zeitfenster gewartet, beim i-ten Versuch bis zu 2^{i-1} mal, aber nicht mehr als ca. 50 ms. Damit reduziert sich bei hoher Kollisionsrate die Last sehr schnell, so daß das Netzwerk wieder frei wird. Es werden bis zu 16 Versuche gestartet, ist keiner von diesen erfolgreich, so bricht der Controller den Sendeversuch ab. Was nun zu geschehen hat, ist Sache einer höheren Protokollschicht, die es entweder nochmal versucht, einen anderen Kommunikationsweg sucht, oder aber eine Fehlermeldung produziert. Damit ist im Ethernet die Zeit, bis zu der Daten übertragen werden, nicht festgelegt. Sie kann im ungünstigsten Fall bis zu 400ms betragen.

6.2.2 Struktur von Ethernetpaketen

Jede Ethernetkomponente weltweit hat eine eindeutige Adresse, die ihr vom Hersteller gegeben wird und aus 6 Bytes besteht. Dieser Adreßraum ist sicher ausreichend, da er für jeden Bewohner der Erde 64000 Ethernetgeräte erlaubt.

Abbildung 6.6 zeigt den Aufbau eines Ethernetpaketes. Das Paket beginnt mit einem Vorwort aus 7 Bytes, die den Inhalt 10101010 haben und der Synchronisation der Empfangsuhr dienen. Es folgt das Startbyte mit dem Inhalt 10101011. Ist das Ethernet gestört oder aber liegen Kollisionen vor, kann dies bereits an dieser Stelle festgestellt werden. Die Zieladresse bezeichnet den Adressaten des Paketes. Sie kann eine Hardwareadresse sein, die dem Modul mitgegeben ist, eine einprogrammierte Softwareadresse oder eine Broadcastadresse an alle Module wie z.B. die FF-FF-FF-FF-FF-FF. Entsprechend identifiziert sich der Absender mit seiner Adresse.

Länge	7	1	6	6	2
Inhalt	Vorwort	1	Zieladr.	Absender	Len

Länge	0-1500	0-46	4
Inhalt	Daten	PAD	Check

Abbildung 6.6: Aufbau eines Ethernetpaketes

6 Kommunikation und Netzwerke

Im Längenfeld steht die Zahl der Bytes, aus denen die darauffolgenden Daten bestehen. Diese Zahl kann zwischen 0 und 1500 liegen. Es folgen die Daten und eventuell ein PAD-Feld, welches aufgefüllt wird, damit die Gesamtlänge eines Paketes 64 Bytes nicht unterschreitet.

Die letzten 4 Bytes erlauben einen Test (CRC = Cycle Redundancy Check) des Ethernetpaketes auf innere Konsistenz, hiermit können Fehler entdeckt und eventuell korrigiert werden.

6.2.3 Ethernetkomponenten

Als physikalisches Medium werden meistens Koaxialkabel, aber auch Glasfasern und verdrillte Zweidrahtleitungen benutzt. Der Anschluß an das Koaxialkabel erfolgt immer über Transceiver, einige Ethernetinterfaces besitzen auch eingebaute Transceiver. Der Transceiver erkennt sowohl das Trägersignal wie auch Kollisionen und erzeugt auf dem 10adrigen Transceiverkabel, das ihn mit dem Interface verbindet, die entsprechenden Signale. Beim Anschluß eines Repeaters ist darauf zu achten, daß die Kollisionserkennung nur einmal gemacht wird, dafür besitzen die meisten Transceiver entsprechende Schalter.

Das Ethernetinterface des Rechners ist dafür zuständig, Daten in Ethernetpakete zu packen bzw. diese auszupacken. Es überprüft die Checksummen und erkennt die für den Rechner bestimmten Pakete anhand seiner Hardwareadresse oder evtl. zusätzlicher Softwareadressen. Bei den meisten Interfaces wird ein interner Pufferspeicher verwaltet und ein direkter Speicherzugriff (DMA) durchgeführt, um eine hohe Leistung zu erzielen.

Verschiedene Koaxialkabelsegmente können über Repeater miteinander verbunden werden. Zu beachten ist, daß die maximale Entfernung zwischen zwei Transceivern auf einem Netz 2,5 km betragen darf, und daß zwischen zwei Transceivern maximal 4 Repeater liegen dürfen. Werden diese Werte überschritten, so verhält sich das Netz unvorhersehbar.

Eine häufig verwendete Form von Repeatern sind die Multiportrepeater. Diese erlauben, typischerweise 8 Koaxialkabelsegmente aus dünnen RG58-Kabeln (*Thinwire* oder *Cheapernet* genannt) miteinander und zusätzlich mit einem zentralen Ethernetrückgrat (*Backbone*) zu verbinden. Andere

Multiportrepeater erlauben, Zweidrahtleitungen für eine sternförmige Vernetzung anzuschließen. Ethernet Netzwerke bekommen durch den Einsatz von Multiportrepeatern eine verzweigte, baumartige Struktur, die weniger störanfällig als eine langgestreckte Kette ist, kürzere mittlere Entfernungen hat und der Topologie der meisten Gebäude auch besser angepaßt werden kann.

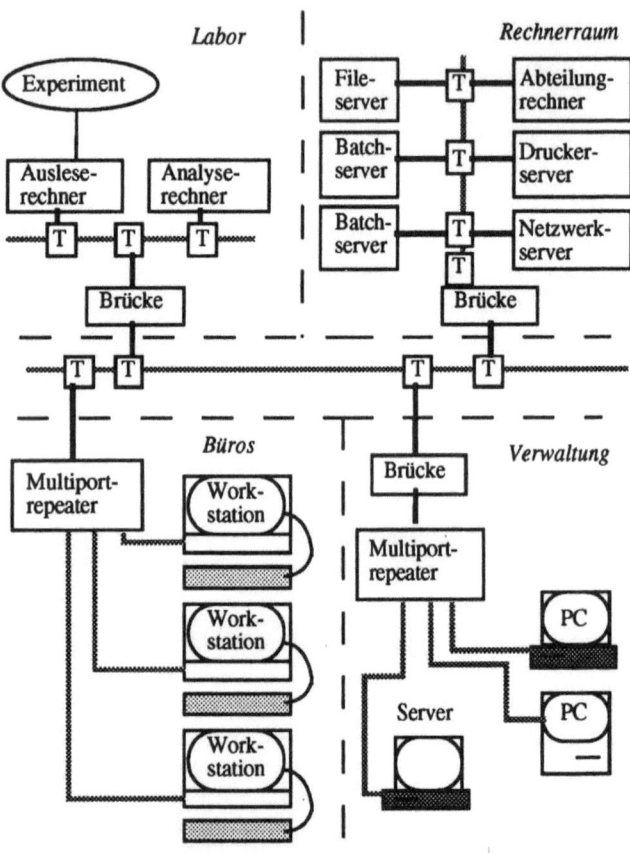

Abbildung 6.7: Ein Ethernetnetzwerk in einem typischen Labor- und Bürobereich. Die kleinen Kästen mit T sind Transceiver.

6 Kommunikation und Netzwerke

Über Repeater bleibt ein physikalisches Ethernet erhalten, alle Pakete, die irgendwo auf dem Netz erzeugt werden, gelangen auf jedes Segment. Lediglich elektrische Störungen werden durch die Repeater abgeschirmt.

Im Gegensatz dazu wird ein Ethernet durch Brücken in verschiedene Netze unterteilt. Die Pakete werden in diesen viel aufwendigeren Komponenten nicht nur elektrisch verstärkt, sondern empfangen und teilweise dekodiert. Durch einen Lernprozeß weiß eine Brücke, welche Ethernetadresse auf welcher Seite zu finden ist, und sendet nur Pakete weiter, die für die andere Seite bestimmt sind. Damit können auf beiden Seiten einer Brücke gleichzeitig verschiedene Pakete auf dem Netz sein, die Gesamtkapazität des Ethernets kann so erheblich gesteigert werden. Außerdem tragen Brücken so zur Erhöhung der Sicherheit bei.

Es ist daher sinnvoll, Brücken so einzusetzen, daß Rechner, die viel miteinander kommunizieren und weniger Daten mit anderen Rechnern austauschen, ein Segment benutzen, welches durch eine Brücke abgetrennt ist. In der Datenerfassung wird ein Ethernet, das für den Datentransport benutzt wird, immer nach außen durch eine Brücke abgeschirmt werden, um die Störung des Datenflusses durch außerhalb des Experimentes liegende Einflüsse zu vermeiden.

Da die Anforderungen an die Bandbreite des Netzwerks mit steigender Rechnerleistung immer weiter zunehmen, gibt es als neue Möglichkeit den sogenannten *Ethernet Switch*. Dieses Element erlaubt, gleichzeitig mehrere (8 bis 16) unabhängige Ethernet Netzwerke miteinander zu verbinden. Während für jedes dieser Netze der lokale Verkehr nicht weitergereicht wird, kann der Switch bei Bedarf gleichzeitig zwischen den verschiedenen Strängen Verbindungen schalten, so daß der Durchsatz des Gesamtnetzes ein Vielfaches des Ethernetdurchsatzes von 10 Mb/s beträgt. Gerade in größeren Datenerfassungsumgebungen kann der Einsatz ein solchen Switches sicherstellen, daß für bestimmte Verbindungen immer eine ausreichende Kapazität zur Verfügung steht.

Den Aufbau eines Ethernets in einem typischen Labor- und Bürobereich zeigt Abbildung 6.7. Im Labor kommunizieren Ausleserechner und Analyse-rechner über das Ethernet miteinander, zum zentralen Hausnetz wird das Labornetz über eine Brücke verbunden. Auch das Rechnernetzwerk im Rechnerraum hält seinen internen Verkehr lokal. Die Workstations in den Büros hängen direkt am zentralen Netz, da es zwischen ihnen keinen nen-nenswerten Querverkehr gibt, sie aber viel mit den Servern im Rechnerraum kommunizieren. Der Verwaltungsbereich mit seinen Abteilungsrechnern wird schon aus Sicherheitsgründen abgetrennt.

6.2.4 Bewertung des Ethernets

Die Kanaleffizienz des Ethernets hängt stark von der durchschnittlichen Paketgröße ab. Bei der minimalen Paketgröße von 64 Byte werden unter starker Last von vielen Sendern maximal 30% Effizienz erreicht, bei 256 Byte bereits 60% und bei großen Paketen von 1024 Byte etwa 85%. Es ist daher extrem empfehlenswert, große Pakete zu übertragen, um einen effizienten Datenfluß zu gewährleisten. Dies wird in der Regel in Protokollen, die der engen Verknüpfung von Rechnern dienen, den sogenannten Clusterprotokollen, berücksichtigt. Server, die über das Netzwerk Platten anbieten, senden meistens Pakete, die 512 Byte oder ein Vielfaches betragen. Für die Koordination von Prozessen und Anforderungen von Diensten werden häufig sehr kleine Pakete verschickt.

Die Vorteile des Ethernets sind, daß es sehr einfach, flexibel, schnell, effizient und preiswert ist, deshalb hat das Ethernet sich in vielen Bereichen als Standard durchgesetzt. Sein Nachteil ist, daß es keine Prioritäten erlaubt, die wichtige Signale schneller als unwesentliche Datenströme übertragen lassen. Auch gibt es keine garantierte maximale Antwortzeit, so daß theoretisch unendlich lange Wartezeiten möglich sind. Für viele Steuerzwecke sind diese beiden Nachteile problematisch, sowohl zum Beispiel in Flugzeugen wie auch in Fertigungsketten. In einem Flugzeug sollten Meldungen über Störungen in Triebwerken oder Hydraulik Vorrang vor den Daten der Bordküche haben, und in der großen Zahl von Meldungen, die häufig bei Störungen erzeugt werden, kann die wichtige Meldung zu lange blockiert werden. Dies hat zu der Entwicklung alternativer Netze geführt, die im folgenden beschrieben werden.

6.3 Token Netzwerke

Diese Gruppe von Netzen beruht darauf, daß ein spezielles Paket, der *Token*, von einem Netzwerkpartner zum nächsten weitergegeben wird. Nur der

6 Kommunikation und Netzwerke

Inhaber des Tokens darf eine Nachricht senden. Wenn in einem Ring mit n Stationen jede Station der Reihe nach maximal die Zeit T senden darf, so beträgt im allerschlechtesten Fall die Zeit, bis zu der ein bestimmter Absender aktiv werden kann, $\tau_{max} = n \cdot T$. Es gibt daher eine garantierte maximale Antwortzeit.

6.3.1 Der Token Bus IEEE 802.4

Der Token Bus beruht darauf, daß auf einem linearen Bus ein logischer Ring verwirklicht wird, wie Abbildung 6.8 zeigt.

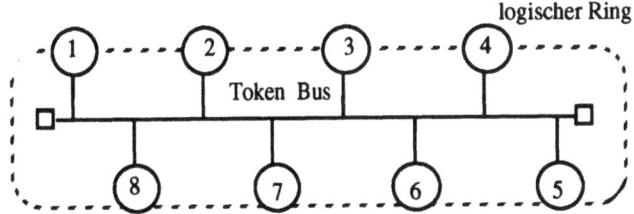

Abbildung 6.8: Aufbau des Token Bus

Dieser Bus basiert auf 75 Ω Breitbandkabel, das sehr störunanfällig und daher gut für Produktionsumgebungen geeignet ist. Jede Station besitzt eine eindeutige Stationsnummer. Nach dem Start des Netzes darf die Station mit der höchsten Nummer als erste eine festgelegte Maximalzeit lang senden. Dabei wird direkt über den Bus an die Adressaten gesendet. Wenn entweder der Absender keine Nachrichten mehr hat, oder aber seine Zeit abgelaufen ist, sendet er ein spezielles Paket, den Token, an die Station mit der nächsthöheren Stationsnummer, die dann entweder Daten sendet und danach den Token weitergibt, oder aber den Token direkt weitergibt. So vermeidet dieses Protokoll alle Kollisionen auf dem Bus. Es enthält vier Prioritätsebenen und für jede Ebene eine Warteschlange, in die Pakete gefüllt werden können, bis der Token vorliegt. Zuerst werden die Pakete mit der höchsten Priorität, danach die mit der niedrigeren Priorität gesendet. Dadurch können zeitkritische Steuersignale an großen Datenpaketen, die nicht so dringlich sind, vorbeigeführt werden. Es kann auch die Zeit pro Prioritätsstufe beschränkt werden, um zu garantieren, daß auch die niedrigeren Stufen an die Reihe kommen.

Die Datenpakete auf dem Token Bus haben eine gewisse Ähnlichkeit mit den Paketen im Ethernet. Sie bestehen ebenfalls aus einem Vorwort zur Synchronisation, einem analogen Startsignal, einem Paketkontrollwort, der Zieladresse, der Absenderadresse, bis zu 8182 Datenbytes, einer 4 Byte langen Checksumme und einem analogen Endsignal.

Das gesamte Protokoll ist bereits sehr kompliziert. So ist zum Beispiel der Mechanismus zum Hinzufügen oder Abmelden von Teilnehmern zu berücksichtigen, auch der Ablauf beim Start, bei dem der Teilnehmer mit der höchsten ID gefunden werden muß, ist komplex. Es muß auch sichergestellt werden, daß beim Ausfall eines Knotens der Token nicht verlorengeht.

Die Vorteile des Tokenbusses gegenüber dem Ethernet liegen zum einen in seinem garantierten Zeitverhalten, zum anderen im Vorhandensein von Prioritätsebenen. Gegenüber ringförmigen Netzen ist die Busstruktur ein großer Vorteil, die das Senden von Paketen direkt an den Adressaten erlaubt. Unter hoher Last können fast 100% Kanaleffizienz erreicht werden. Der physikalische Aufbau als langgestreckter Koaxialbus paßt gut zu vielen Anwendungen wie z.B. Fertigungsstraßen.

Nachteilig ist das komplizierte Protokoll sowie die Tatsache, daß auch bei leerem Bus jeder Teilnehmer immer erst auf den Token warten muß. Diese Wartezeit wird umso länger, je mehr Teilnehmer es gibt. Dadurch eignet sich der Tokenbus besser für Netze mit wenigen Teilnehmern und hohem Datenaufkommen als für Netze mit vielen Teilnehmern und niedrigem oder stochastischem Kommunikationsbedarf.

6.3.2 Der Token Ring IEEE 802.5

Der von IBM als LAN-Standard propagierte Token Ring basiert auf Punkt-zu Punkt-Verbindungen, die technisch viel einfacher zu realisieren sind als Busse. Alle Partner auf einem Ring sind gleichberechtigt, so daß es wie beim Token Bus eine garantierte maximale Antwortzeit gibt. Bei einer Datenrate von R Mb/s beträgt die Dauer eines bits $1/R$ µs, bei einer Signalgeschwindigkeit von 200m/µs ist die Länge eines Bits $200/R$ m. Ein 1-Mb/s-Ring von 1 km Länge kann also ganze 5 Bit enthalten. In einem Token Ring kreist ein spezielles Bitmuster, der Token, solange niemand senden will. Ein Sender eliminiert den Token und sendet seine Daten,

6 Kommunikation und Netzwerke

danach wieder den Token. Der Empfänger empfängt die Daten, bestätigt sie und sendet sie weiter, bis sie den Sender wieder erreichen. Der Sender erst eliminiert das Datenpaket vom Ring, er kann es dabei auf Beschädigungen überprüfen, und sendet dann den leeren Token weiter. Ein Sender darf den Ring maximal 10ms lang benutzen, danach muß er den Token abgeben. In dieser Zeit darf er auch mehrere Pakete senden.

Realisiert wird der Token Ring meistens auf verdrillten, abgeschirmten Zweidrahtleitungen mit differentieller Manchesterkodierung. Genormt sind Übertragungsraten von 1, 4 oder 16 Mb/s. Die Größe des Token beträgt nur 3 Byte.

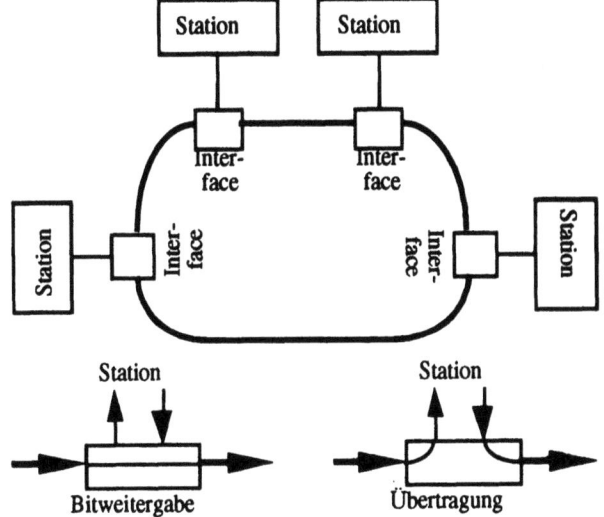

Abbildung 6.9: Aufbau eines Token Rings und die Betriebsmodi des Interfaces

Es muß speziell darauf geachtet werden, daß der Ring nirgends, zum Beispiel durch Ausfall eines Rechners oder einer Stromversorgung, unterbrochen wird. Die Ringschnittstelle muß dafür zwei Moden kennen: den Bitweitergabemodus und den Übertragungsmodus. Der Weitergabemodus, der auch im ausgeschalteten Zustand in Betrieb sein muß, bewirkt eine Verzögerung von nur der Dauer eines Bits. Abbildung 6.9 zeigt den Aufbau eines Token Rings sowie die beiden Modi der Interfaces.

6.4 Das Fiber Distributed Data Interface FDDI

Die bisher behandelten Netze sind sowohl in ihrer Datenrate als auch in ihrer maximalen geografischen Größe stark eingeschränkt, so daß der Wunsch nach schnelleren Netzen über größere Entfernungen existiert. Die dafür adäquate Technik ist heute die Glasfaser, die hohe Transferraten über weite Strecken erlaubt. Das FDDI (IEEE 802.6) ist ein ringförmiges Netz mit einer Datenrate von 100Mb/s, das einen Umfang von bis zu 200 km erlaubt. Ein FDDI-Ring kann also 100kBit enthalten. Um Kosten zu sparen, werden Multimodefasern und LEDs als Sender verwendet. Mit Monomodefasern und Lasern ließen sich noch vielfach höhere Leistungen erzielen, zur Zeit allerdings nur zu einem Preis, der einer weiten Verbreitung im Wege stehen würde.

Das FDDI-Netz basiert auf einem Doppelring, man unterscheidet zwischen A-Stationen, die an beide Ringe angeschlossen werden, und preiswerteren B-Stationen, die nur auf dem Hauptring sitzen.

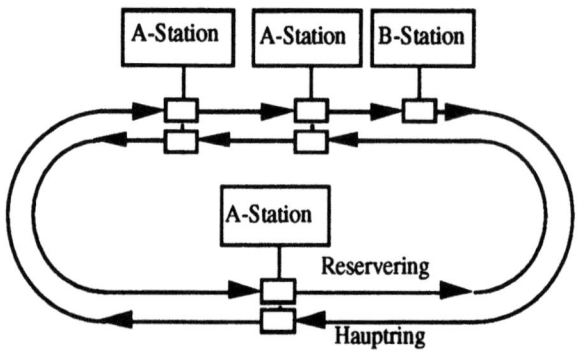

Abbildung 6.10: Aufbau des FDDI als Doppelring

Im Normalbetrieb kreisen die Daten auf dem Hauptring. Ist dieser gestört, weil zum Beispiel eine Glasfaser gebrochen oder ein Sendeteil defekt ist, so können die Interfaces dies nach kurzer Zeit feststellen und mit Hilfe des gegenläufigen Reserveringes einen neuen Ring doppelter Länge aufbauen. Dabei besteht allerdings die Gefahr, daß B-Stationen ihre Verbindung verlieren, so daß wichtige Server oder wichtige Komponenten eines Experimentes immer A-Stationen sein sollten.

6 Kommunikation und Netzwerke

An den Glasfaserring werden Rechner entweder direkt oder aber über Konzentratoren angeschlossen. Konzentratoren erlauben den Anschluß mehrerer Rechner. Es gibt auch für kürzere Entfernungen Interfaces und dazu passende Konzentratoren, die den Anschluß über Koaxialkabel statt über Glasfaser herstellen und dadurch erheblich preisgünstiger sind. Auch gibt es inzwischen Brücken, die FDDI und Ethernet miteinander verknüpfen. Diese stellen für viele heutige Netzwerke einen Migrationsweg zu FDDI dar.

Das FDDI-Protokoll ist ähnlich wie das Token Ring-Protokoll, allerdings können gleichzeitig mehrere Token oder Pakete im Ring sein. Auch ist vorgesehen, daß der Ring für gewisse synchrone Pakete in konstantem Abstand reserviert werden kann. Der Prioritätsalgorithmus ist ähnlich wie beim Token Bus.

6.5 Verbreitete Netzwerkprotokolle

Die heute verwendeten Protokolle sind, ähnlich dem OSI-Modell, mehrstufig und benutzen die bisher beschriebenen Netzwerke als Physical Layer und als Data Link Layer. Die Netzwerkprotokolle beginnen daher meistens mit dem Network Layer.

6.5.1 Der Network Layer im Internet (IP)

Die Advanced Research Projects Agency des Verteidigungsministeriums der USA (ARPA, heute DARPA) hat nach Erfahrungen mit Vorläufern ein Netzwerkprotokoll und ein Netzwerk entwickelt, das heute in der Wissenschaft wie auch in der Wirtschaft weit verbreitet ist.

Der Network Layer beruht bei diesem Netz nicht auf Punkt zu Punkt Verbindungen, sondern auf Netzwerken, denen jeweils mehrere *Hosts* angehören können. Die einzelnen Netzwerke müssen nicht unbedingt zuverlässig sein, diese Verantwortung wird dem höheren Transport Layer übergeben. Dieses Konzept beruht auf der Erfahrung, daß Netzwerke, wenn sie nur dann betrieben werden, wenn sie fehlerfrei sind, fast nie in Betrieb sind.

Der IP-Layer akzeptiert Datagramme von bis zu 64KB, zerlegt sie in Pakete, fügt sie wieder zusammen. IP-Pakete bestehen aus einem Kopfteil von 20 oder mehr Bytes und einem Textteil, der die eigentlichen Daten enthält. Den Aufbau des Kopfteiles aus fünf oder mehr 32-bit-Worten zeigt Abbildung 6.11.

Die Versionsnummer erlaubt die gleichzeitige Existenz verschiedener Generationen des Internets in einem Netzwerk. IHL bezeichnet die Länge des Kopfteils, das *Type of service*-Feld erlaubt, verschiedene Serviceklassen anzugeben. Der Paketlänge (16 Bit erlauben maximal 64kByte) folgt die Identifikation, die jedem Paket eine eindeutige Zuordnung zu einem Datagramm gibt. Auf zwei spezielle Bits folgt der *Fragment Offset*, der die relative Position des Paketes im Datagramm angibt.

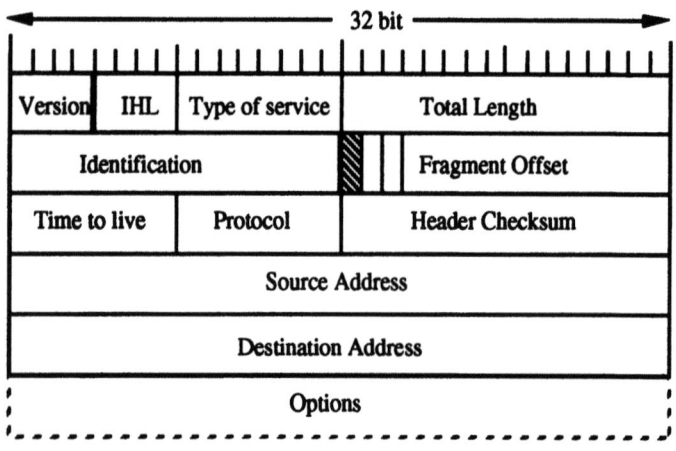

Abbildung 6.11: Der Kopfteil eines Internet Protocol (IP) Paketes.

Eine interessante Größe ist die erlaubte Lebensdauer. In einem unzuverlässigen Netzwerk kann es vorkommen, daß Pakete nicht abgeliefert werden können, sondern irgendwo auf ihrem Weg, z.B. in einem Router, hängenbleiben. Damit besteht die Gefahr, daß sich die Pakete aufstauen und auf diese Weise immer mehr Komponenten ausfallen. Die maximale Lebensdauer ermöglicht, Pakete nach einiger Zeit zu löschen und damit Datenstaus zu vermeiden. Mit der erfolglosen Übertragung muß sich der Transport Layer beschäftigen.

6 Kommunikation und Netzwerke

Das Protokollfeld erlaubt, im Paket die Information über den verwendeten Transport Layer zu speichern. Dies ist ein klarer Verstoß gegen die Hierarchie von OSI-Schichten, hat sich in der Praxis aber als erfolgreich erwiesen.

Für eine Internetadresse stehen 32 Bit zur Verfügung, die zentral von der ARPA verteilt werden. Dies erlaubt für jeden Erdbewohner einen IP-Knoten und ist damit noch für einige Jahre ausreichend. Da der Adreßraum durch die Schaffung von Subnetzen jedoch stark fragmentiert wird, werden zukünftige Internetversionen längere Adressen verwenden müssen.

Es gibt drei Klassen von Adressen:
Class A Adressen beginnen mit einem Bit 0, sieben Bits für die Bezeichnung von Netzwerken und 24 Bits für die Bezeichnung des Hosts. Damit kann es 128 Netze mit je 16 Millionen Hosts geben.
Class B Adressen beginnen mit den Bits 10, 14 Bits für das Netz und 16 Bits für die Hosts. Damit sind 16384 Netze mit je 65535 Hosts möglich. Eine Universität, ein Forschungszentrum oder eine Großfirma erhält typischerweise eine solche Class B Adresse.
Class C Adressen beginnen mit 110, 21 Bits für das Netz und 8 Bits für die Hosts. 4 Millionen kleine Netze mit bis zu 256 Hosts (Institute, Arbeitsgruppen, kleine Firmen) können so betrieben werden.

Die übliche Schreibweise der Adressen ist, daß die 4 Bytes jeweils dezimal ausgeschrieben sind. Die Internetadresse des Europäischen Kernforschungszentrums in Genf (CERN) zum Beispiel ist 128.141.x.y, wobei x und y zur Bezeichnung der einzelnen Hosts verwendet werden. Für das auf dem IP Protokoll basierende europäische Internet ist das CERN das Zentrum, in dem die meisten Leitungen zusammenlaufen, auch wird von dort ein Anschluß an das entsprechende Netz in den USA hergestellt.
Diese Netze müssen jeweils tatsächlich zusammenhängende Netze, wie zum Beispiel ein Ethernet, sein. Wenn mehrere niedrige Layer verwendet werden sollen, muß zwischen diesen geroutet werden. Dann müssen auch die Adreßräume in Unterräume eingeteilt werden (*Subnetting*). Die Planung eines größeren Internets verlangt viele Vorüberlegungen und auch langfristige Planungen. Der personelle Aufwand für die Koordinierung und Pflege sollte nicht unterschätzt werden. Insbesondere für das Bereitstellen von Verbindungen außerhalb eines Institutes oder Campus ist sehr viel

manuelle Arbeit notwendig, die Koordination auf nationaler und internationaler Ebene kostet viel Geld, ebenso wie die dafür benutzten Rechner.

6.5.2 Der Transport Layer im Internet (TCP und UDP)

Das Transmission Control Protocol (TCP) benutzt meistens IP als Network Layer, in diesem Fall sprich man von TCP/IP.

Diese Schicht empfängt beliebig lange Nachrichten und bricht sie in Datagramme auf. Falls der IP-Layer nicht erfolgreich war, überprüft TCP die Abbruchzeiten. Es sortiert die Datagramme, prüft auf doppelt übertragene Pakete, macht Wiederholungsversuche und beauftragt eventuell das IP, Ausweichpfade zu benutzen. TCP ist verbindungsorientiert und garantiert einen fehlerfreien Datenfluß, falls keine Fehlermeldung erzeugt wird. Der Aufwand dafür, diese Garantie auf einer so hohen Softwareebene und nicht etwa in der Interfacehardware zu erzeugen, ist groß. TCP ist daher sehr CPU-intensiv und langsam.

Als Alternative gibt es das User Datagram Protocol UDP, das praktisch eine Benutzerschnittstelle zu IP ist. UDP schickt Pakete über IP ohne Verbindungskontrolle, ohne festgelegte Reihenfolge und ohne Liefergarantie, damit kann es sehr schnell sein.

TCP/IP ist daher die richtige Wahl, wenn fehlerfreie Übertragung bzw. die Rückmeldung von Fehlern wichtig ist. Wenn Datenverlust kein Problem ist, etwa bei der Sprachübertragung, ist UDP sehr viel schneller. In Datenerfassungsumgebungen werden beide Verfahren angewandt. Verluste von Paketen stellen einen Beitrag zur Totzeit dar und können unter Umständen akzeptiert werden, falls die Meßergebnisse nicht durch die Verluste verfälscht werden.

6.5.3 Der Application Layer im Internet

Im TCP/IP Protokoll gibt es zwischen den Anwendungen und TCP keine weitere Ebene mehr. So ist auch die Darstellung der Daten Aufgabe der einzelnen Applikationen und nicht einer dazwischenliegenden Schicht. Die

6 Kommunikation und Netzwerke

wesentlichsten Anwendungen sind:
- ftp   Programm zum Übertragen von Datensätzen
- telnet Programm zum interaktiven Einloggen
- nfs   Software, die es erlaubt, auf Filesysteme anderer Rechner zuzugreifen
- rpc   Aufruf einer Prozedur auf einem anderen Rechner (Server)
- rsh   Ausführen eines Befehls auf einem anderen Rechner.

TCP/IP Produkte sind inzwischen für die meisten Rechnersysteme verfügbar, es gibt eine große Anzahl von Anbietern, die nicht immer alle Anwendungen anbieten. Auch gibt es zwischen den Anwendungen Inkompatibilitäten, so daß zum Beispiel der Erfolg eines Filetransfers zwischen verschiedenen Systemen vom verwendeten FTP abhängt. Dies ist der Preis, der für die fehlende Normung eines Presentation Layers bei TCP/IP bezahlt werden muß. Es ist daher zu erwarten, daß sich TCP/IP langfristig in Richtung OSI entwickeln wird.

6.5.4 Weitere Protokolle

6.5.4.1 DECnet

DECnet ist ein herstellerspezifisches Produkt der Firma Digital Equipment, das veröffentlicht ist und deshalb von einer großen Zahl von Anbietern vermarktet wird. Es ist zum Beispiel verfügbar für VMS, RSX, viele UNIX-artige Systeme, MS-DOS, OS/2, Macintosh, IBM Großrechner unter VM oder MVS, CDC, Cray und Convex. Das Konzept von DECnet besteht aus einem Netz von bis zu 64 Areas mit je bis zu 1024 Knoten. Eine Area sollte dabei eine zusammenhängende Gruppe von Maschinen sein, etwa ein Campus oder ein großes Institut. Es gibt Endknoten, die nur eine Verbindung pro Maschine haben, dies ist meistens das Ethernet. Router haben mehrere Verbindungen und können die Pakete von einem Transportweg auf einen anderen weiterleiten. Ein spezieller Mechanismus sorgt dafür, daß immer der preisgünstigste Weg gewählt wird. Area Router wiederum verbinden Areas miteinander.

DECnet erlaubt wie die Applikationen von TCP/IP ein interaktives Einloggen und Filetransfers. Es gibt elektronische Post, Programm-

Programmkommunikation, File- und Recordzugriffe auf fremde Rechner und die Möglichkeit, Druck- oder Stapelverarbeitungsaufträge an andere Rechner zu schicken. Von besonderem Interesse ist die Möglichkeit, mittels MOP-Service Software in andere Rechner zu laden. Terminalserver, Mikrorechner (speziell im Experiment) oder Workstations, die keine Platte mit einer eigenen Kopie ihres Betriebssystems haben, schicken über das Netzwerk Ladeanforderungen. Diese werden von entsprechend konfigurierten Wirtsrechnern erkannt und durch Zusenden der angeforderten Software beantwortet. So ist es möglich, die Software für solche Systeme auf einem zentralen System vorzuhalten und zu pflegen, die Gastrechner benötigen keine eigenen Platten und keine lokale Systemwartung.

6.5.4.2 Terminalprotokolle

Terminals mit serieller Schnittstelle werden an lokale Netze typischerweise über Terminalserver angeschlossen, die 8 bis 128 Anschlüsse auf ein Netz multiplexen. Dabei erlaubt ein Terminalprotokoll, die seriellen Ports mit verschiedenen Diensten, die von Rechnern oder anderen Servern angeboten werden, zu verbinden. Manche Protokolle erlauben auch einen inversen Anschluß, so daß Rechner über das Netzwerk Verbindung zu Ports aufnehmen können. Auf diese Weise können zum Beispiel verteilt Drucker aufgestellt werden, die für mehrere Rechner erreichbar sind.

Ein Beispiel für ein solches Terminalprotokoll ist das LAT-Protokoll, ein veröffentlichtes Protokoll der Firma Digital Equipment, für das inzwischen viele Hersteller Server und Software anbieten. Bei diesem bieten Rechner oder Server Dienste (*Services*) an, mit denen sich Terminals über Terminalserver oder andere Rechner verbinden können. Jeder dieser Dienste kann seine momentane Verfügbarkeit (*Rating*) mitteilen, so daß, wenn mehrere Rechner denselben Dienst anbieten, jeweils der verfügbarste Dienst benutzt wird. Dies erlaubt einen bequemen automatischen Lastausgleich für interaktive Sitzungen. Alternativ oder zusätzlich erlauben viele Terminalserver, das TELNET Protokoll zu verwenden, das eine Applikation von TCP/IP ist.

7 Beispiele für Datenerfassungssysteme

In diesem Kapitel werden einige Lösungen für Probleme der Datenerfassung vorgestellt. Die Großexperimente aus der Hochenergiephysik mit ihren großen Kanalzahlen und Datenraten eignen sich besonders dazu, zu zeigen, wie die in den vorherigen Kapiteln beschriebenen Komponenten in realen Anwendungen zusammenarbeiten. Dieses Kapitel beschränkt sich daher auf einige Beispiele für Experimente an Speicherringen.

Die Experimente an den großen Speicherringen (wie SPS und LEP am CERN in Genf und HERA am DESY in Hamburg) haben als gemeinsame Eigenschaften die große Anzahl von Kanälen (100 000 und mehr) sowie die kontinuierliche Erzeugung von Daten. Die hohe Kanalzahl rührt daher, daß die Experimente zum einen einen möglichst großen Raumwinkel (4π) überdecken, zum anderen dabei aber Spuren trennen müssen, deren Relativwinkel in der Größenordnung von einem Grad liegt. Alle diese Detektoren müssen erstens in ihrem Trigger aus einer Vielzahl von Ereignissen die physikalisch interessanten herausfiltern, sowie zweitens aus den vielen Informationen die Ereignisse zusammenfügen. Dabei muß das Datenvolumen auf jeweils aktive Kanäle reduziert werden.

7.1 Datenerfassung im Experiment UA1

UA1 war das erste Experiment am CERN, welches intensiv vom VME-Bus Gebrauch machte. Tabelle 5 zeigt die Zahl der Kanäle der einzelnen Subdetektoren und die Datenmenge eines Ereignisses vor und nach der Datenreduktion in Bytes.

7.1.1 Der UA1-Trigger

Der vom UA1-Experiment verwendete Trigger ist, wie bei allen komplexeren Triggern, mehrstufig. Die Kollisionsrate des Speicherrings im Detektor beträgt 50000 Kollisionen pro Sekunde.

Die erste Triggerstufe, die aus diskreter NIM-Logik aufgebaut ist, beruht auf Verknüpfungen zwischen zwei Hodoskopen in der Proton- und

Antiproton-richtung, prompten Myonsignalen in den Myonkammern und Energien aus den Kalorimetern. Wird das Ereignis durch diese erste Stufe, die etwa 4 µs dauert, akzeptiert, so wird die Digitalisierung abgeschlossen und die Daten werden in einem intermediären Speicher gehalten.

Subdetektor	Zahl der Kanäle	Datenvolumen in Bytes roh	formatiert
Zentraldetektor	6200	1600000	80000
Elektromagn. Kalorimeter	2200	4400	4400
Hadronkalorimeter	1200	2400	2400
Kalorimeterposition	4000	8000	8000
Vorwärtskammer	2000	32000	8000
Myonkammer	6000	1000	1000
Streamerröhren	50000	50000	4000
Summe	71600	1700000	108000

Tabelle 5: Zahl der Kanäle und Datenvolumen für die Subdetektoren des UA1-Experiments.

Die zweite Triggerstufe benutzt Motorola MC680x0-Prozessoren, um solche Ereignisse zu finden, bei denen mindestens eine Myonspur aus der Wechselwirkungsregion kommt. Dies reduziert die Rate auf ca. 30 Hz, dieser Schritt ist nach etwa einer Millisekunde abgeschlossen. Für hiermit akzeptierte Ereignisse werden die Daten aus den Zwischenspeichern ausgelesen, für jeden einzelnen Subdetektor formatiert und in einen weiteren Pufferspeicher geschrieben.

Aus diesem Zwischenspeicher werden die Daten durch MC680x0-Prozessoren ausgelesen, zu Ereignissen zusammengefaßt, und zu einer Prozessorfarm von IBM168E- bzw. IBM 3081E-Emulatoren transportiert, in der eine erste Analyse der Gesamtereignisse gemacht werden kann. Hier wird die Datenrate auf 4 Hz reduziert, so daß nur ca. 600kB pro Sekunde auf Magnetband abgespeichert werden müssen.

7.1.2 Der Aufbau der CAMAC-VME-Bus-Auslese

Die Digitalisierung erfolgt bei UA1 im wesentlichen in 200 CAMAC-

7 Beispiele

Crates, die in 28 Branches durch VME-Module ausgelesen werden. Diese Auslese des ersten Zwischenspeichers geschieht parallel in 30 Ausleseeinheiten je durch einen Bustreiber. Eine CPU packt die Daten über den VMX-Bus in einen Pufferspeicher, danach reduziert sie die Daten und führt die Software für die zweite Triggerstufe durch. Abbildung 7.1 zeigt im linken Teil den Aufbau dieser Stufe, Ausleseeinheit genannt, die aus zwei VME-Crates und einem dazwischengeschalteten VMX-Bus besteht. Der VME-Auslesekontrollbus dient nur der Steuerung der Auslese und dem Laden der Software für die Ausleseeinheiten.

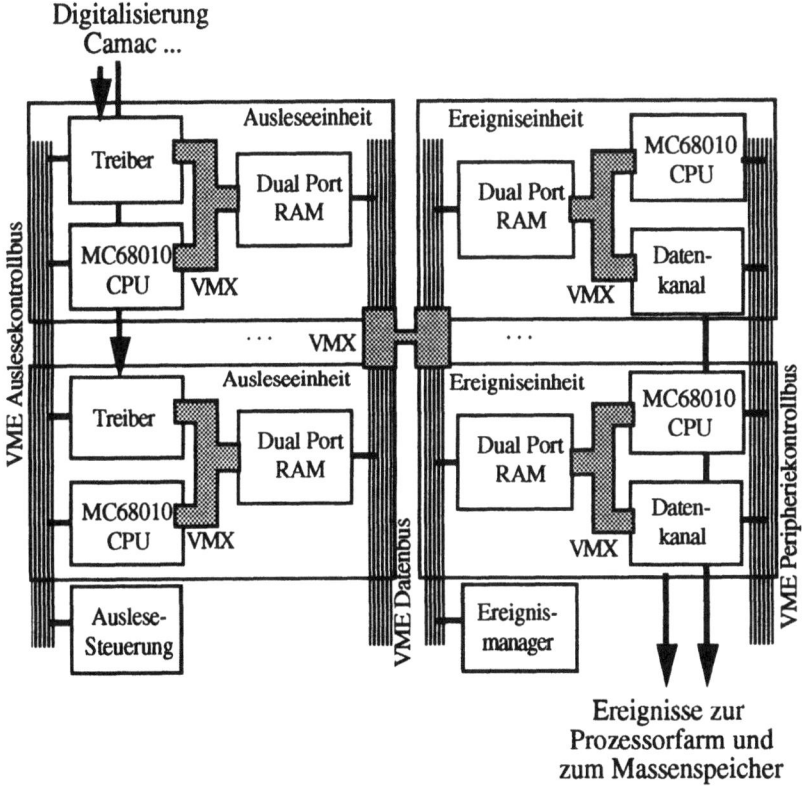

Abbildung 7.1: Die Datenauslese des UA1-Experimentes.

Der VME-Bus hat kein definiertes Multicratekonzept, deshalb benutzt die UA1-Gruppe für ihre 30 VME-Crates eine Kombination von VME-Bus und

VMX-Bus, um die Daten zu transportieren. Im wesentlich wird der VME für Kontrollinformationen und Daten, der VMX für den Transport von Daten innerhalb und zwischen den Crates benutzt. Die großen Datenraten der unkomprimierten Ereignisse nach der ersten Triggerstufe (ca. 200 MB/s) können dadurch erreicht werden, daß die Rohdaten parallel durch 30 VMX-Busse in den Ausleseeinheiten transportiert werden.

In den Pufferspeichern der Ausleseeinheiten liegen jeweils die komprimierten Daten von Teilen von Subdetektoren, die in der nächsten Stufe zu Ereignissen zusammengeführt werden müssen. Bei einer Ereignisgröße von 100 bis 200 KB pro Ereignis können durch den VME-Datenbus 30 Ereignisse pro Sekunde in die Speicher der 12 Ereignis-einheiten kopiert werden. Der Ereignismanager sorgt dafür, daß die Daten, nach Ereignissen sortiert, in diesen RAMs vorliegen. Eine CPU kann diese Daten dann weiterverarbeiten, über den Datenkanal werden sie zur Prozessorfarm, die die Software für die dritte Triggerstufe durchführt, und danach zum Massenspeicher transportiert.

Zur Überwachung der Funktion der VME- und CAMAC-Crates wie auch zur Softwareentwicklung setzt die UA1-Kollaboration Macintosh-Rechner ein, die mit ihrer MC68000-CPU über das MacVEE-System direkt VME-Crates, über MacCC CAMAC adressieren.

7.2 Das LEP-Experiment ALEPH

Das ALEPH-Experiment benutzt als Bussystem den Fastbus und als Ausleserechner VAXen. Dabei wurde der Fastbus sowohl für die Digitalisierung als auch für den weiteren Datentransport benutzt. Abbildung 7.2 zeigt die Datenauslese von ALEPH in diesem Zustand. Um die Auslesekapazität weiter zu steigern, wird die Auslese des ALEPH-Experiments 1992 modifiziert. Während die Auslese am Detektor weiterhin über Fastbus geschieht, wird die zentrale Auslese mit dem Zusammenfassen der Ereignisse in VME neu gestaltet.

Die Ausleseelektronik, die bereits eine Reihe von Prozessoren zur Datenkomprimierung enthält, wird über Fastbus-Kabelsegmente und Segment Interconnects in ein Fastbus-Crate pro Subdetektor ausgelesen.

7 Beispiele

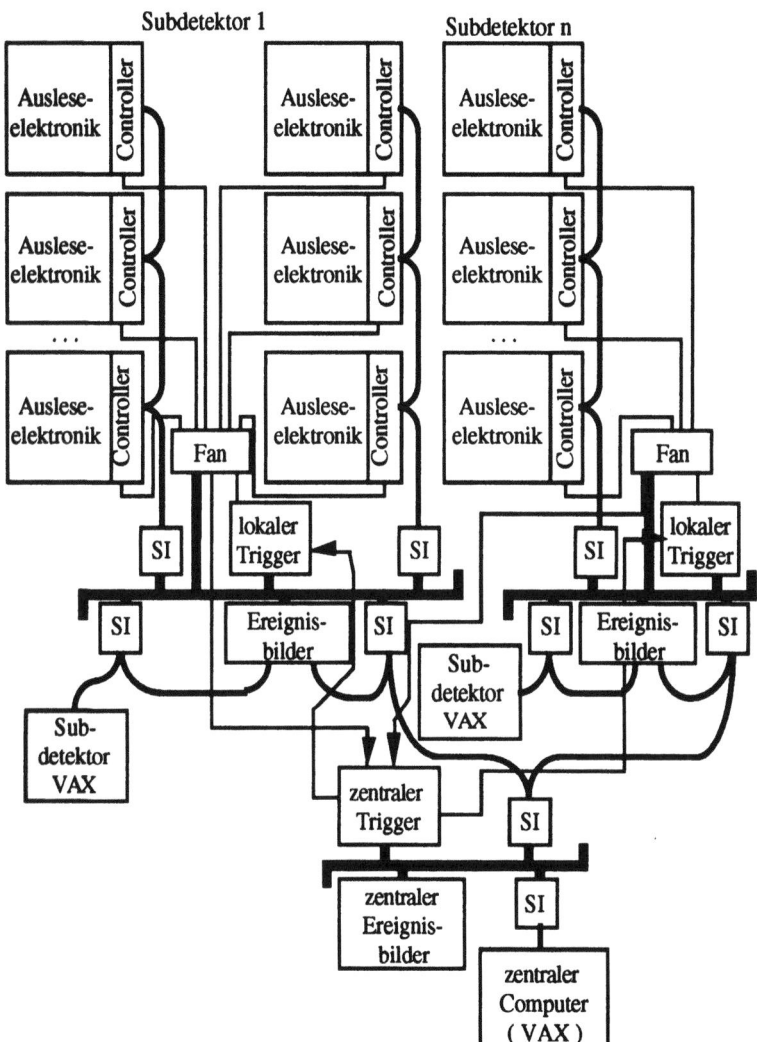

Abbildung 7.2: Die Datenauslese im ALEPH-Experiment.

In diesem Crate gibt es einen speziellen Prozessor, den lokalen *Ereignisbilder*, der die Subdetektordaten eines Ereignisses zusammenfaßt. Zum einen werden Daten jedes Subdetektors über Fastbussegmente zu einem Detektorcomputer (VAXstation) transportiert, in dem die Funktion jeden Moduls überprüft werden kann und Kalibrationen möglich sind. Die Ergebnisse werden jeweils grafisch dargestellt, so daß die Schichtbesatzung jederzeit einen Überblick über den Zustand des Experimentes hat. Für jeden Subdetektor gibt es ebenfalls ein lokales Triggersteuerungsmodul, welches von den Auslesecrates Triggerinformationen bekommt.

Die Daten werden zum anderen von den lokalen Ereignisbildern über Fastbus-Kabelsegmente zum zentralen Fastbuscrate transportiert, in dem ein zentraler Ereignisbilder aus den Subdetektordaten komplette Ereignisse macht. Ebenfalls in diesem Crate befindet sich die zentrale Triggersteuerung. Die Ereignisse werden dann zur zentralen VAX6000 transportiert, auf internen Prozessoren auf dem BI-Bus der VAX wird die Rate in der dritten Triggerstufe nochmals reduziert. Dann werden die Ereignisse in einem Workstationcluster aus VAX-Stations mit nur geringer Zeit-verzögerung rekonstruiert, sobald die notwendigen Eichkonstanten von den Subdetektorcomputern zur Verfügung gestellt wurden.

Der ALEPH-Ereignisbilder ist ein spezielles Fastbus-Computersystem mit einem MC68020-Prozessor und einem 68881-Coprozessor, der drei Fastbus-Anschlüsse hat. Während er im lokalen Crate der Master ist, der die Auslese des Subdetektors steuert, sind die Ausgänge in Richtung der Auslesecomputer und des zentralen Kabelsegments immer Slaves.

Deutlich zu erkennen ist, daß die Zahl der Zwischenschritte bei diesem Verfahren viel niedriger als bei der VME-Auslese des UA1-Experimentes ist. Dies kommt daher, daß der Fastbus viele Segmente, Crates und Kabelsegmente erlaubt und adressieren muß, während für den VME-Bus die Kopplung der Crates jeweils als zusätzliches System gemacht werden muß.

7.3 Die HERA-Experimente H1 und ZEUS

Die HERA-Experimente H1 und ZEUS sind 1991 in Betrieb gegangen, damit sind sie die zur Zeit modernsten Beschleunigerdetektoren. Entsprechend modern sind auch ihre Datenerfassungssysteme, die die Vorteile von Mikroprozessoren intensiv ausnutzen. Für beide Experimente ist der VME-Bus der wesentlichste Datenbus, entsprechend viele MC680x0-Prozessoren werden für Steuerzwecke eingesetzt. Nullpunktunterdrückung und erste Datenformatierung wird mit Signalprozessoren (MC56001 bzw.

7 Beispiele

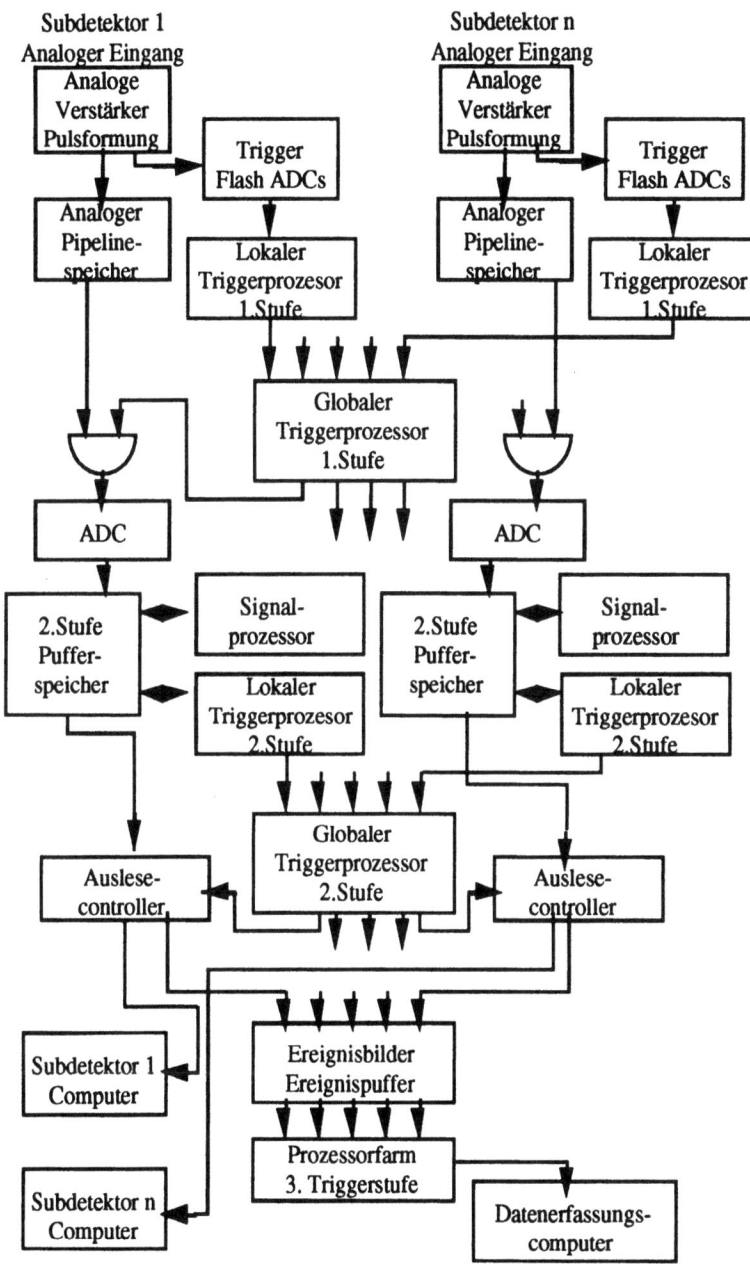

Abbildung 7.3: Überblick über das ZEUS-Datenerfassungssystem.

TMS320225) in jedem Crate gemacht. Die Daten von den Subdetektoren werden gesammelt und dann zu Ereignissen zusammengefaßt, wenn die zweite Triggerstufe sie akzeptiert hat. Der Unterschied zwischen den beiden Ansätzen ist, daß ZEUS für den Triggerprozessor wie auch für die Ereignisbildung Transputer und für den Datenfluß Transputerlinks verwendet, während H1 VME-Crateverbindungen (VSB-Bus) und RISC-Prozessoren verwendet.

Im folgenden werden einige Teile des ZEUS-Datenerfassungssystems vorgestellt, um ein Beispiel für die Anwendung von Transputern vorzuführen. Abbildung 7.3 zeigt einen Überblick über das Gesamtkonzept.

Die Daten der verschiedenen Subdetektoren werden verstärkt, die Pulse geformt, und dann in einer 5 µs langen Pipeline, einem analogen Schiebespeicher, gespeichert. In dieser Zeit werden Triggersignale durch Flash-ADCs digitalisiert und als erste Triggerstufe in lokalen Triggerprozessoren verarbeitet, daraus leitet der globale Triggerprozessor ab, ob die Ereignisse in der ersten Stufe akzeptiert werden. Diese Entscheidung muß nach spätestens 5 µs gefällt sein, dann erst werden die in der Pipeline gespeicherten Analogsignale digitalisiert.

Die digitalisierten Daten, noch nach Subdetektor getrennt, werden mit Signalprozessoren komprimiert, dabei werden insbesondere leere Kanäle erkannt und unterdrückt. Aus den digitalisierten Daten wird die zweite Triggerstufe lokal pro Subdetektor abgeleitet, die einzelnen Triggersignale werden über Transputerlinks (je 1,7 MB/s) zum globalen Triggerprozessor geleitet. Dieser wiederum ist ein Array von fest miteinander verbundenen Transputern (T 800), die so geschaltet sind, daß logische Verknüpfungen zwischen allen Eingängen (Subdetektoren) möglich sind, ohne daß Informationen in Schleifen zurückgeführt werden müssen. Den Aufbau der zweiten Triggerstufe aus Transputern zeigt Abbildung 7.4.

Die Triggerentscheidung der zweiten Stufe wird den Auslesecontrollern der zweiten Pufferspeicher über Transputerlinks geschickt. Wird das Ereignis akzeptiert, so werden die Daten der einzelnen Subdetektoren über Transputerlinks zum Ereignisbilder geschickt. Dieser besteht im Falle des ZEUS-Experiments aus einem Netzwerk von Transputerschaltern, die jeweils dafür sorgen, daß die Daten, die zu einem Ereignis gehören, in einen Ereignisspeicher zusammengeführt werden.

7 Beispiele

Damit liegen an dieser Stelle vollständige Ereignisse vor, die von einer Farm von parallelen RISC-Prozessoren bearbeitet werden. In dieser dritten Triggerstufe können die Ereignisse auf ihre physikalische Natur hin untersucht werden, so daß nur physikalisch interessante Ereignisse übrigbleiben. Wiederum über Transputerlinks werden die in dieser Stufe akzeptierten Ereignisse zum Datenerfassungscomputer transportiert.

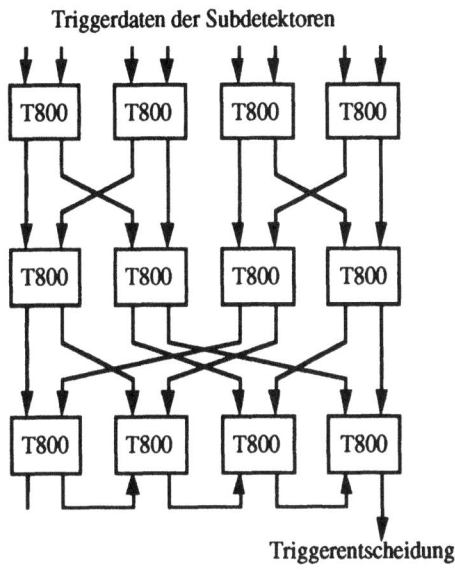

Abbildung 7.4: Der Aufbau der zweiten Triggerstufe des ZEUS-Experiments aus Transputern.

8 Literaturhinweise

Dieser Absatz verweist auf einige Bücher, die für eine Vertiefung von Teilgebieten dieses Buches geeignet sind. Der rasche Wandel, der die Datenverarbeitung allgemein prägt, macht ein intensives und regelmäßiges Studium einschlägiger Zeitschriften unumgänglich. Als Quelle gerade für technische Grundlagen kann dem interessierten Leser die Zeitschrift "c't magazin für computertechnik" aus dem Verlag Heinz Heise, Hannover empfohlen werden, der auch viele in diesem Buch eingearbeiteten Details entnommen wurden. Auch die CERN-Publikation *Online*, früher *Mini & Micro Computer Newsletter*, hat sich als Fundgrube erwiesen.

Zu Kapitel 2:

T.Ferbel, Editor, Experimental Techniques in High Energy Physics, Addison-Wesley Publishing Company, Inc. ISBN 0-201-11487-9

K.Kleinknecht, Detektoren für Teilchenstrahlung, Teubner Studienbücher Physik, ISBN 3-519-13058-0

H.V.Malmstadt, C.G.Enke, S.R.Crouch, Electronics and Instrumentation for Scientists, The Benjamin/Cummings Publishing Company, Inc., ISBN 0-8053-6917-1

K.H.Rohe, Elektronik für Physiker, Teubner Studienbücher Physik, ISBN 3-519-13044-0

H.U.Schmidt, Meßelektronik in der Kernphysik, Teubner Studienbücher Physik, ISBN 3-519-03082-9

U.Tietze, Ch.Schenk, Halbleiterschaltungstechnik, Springer Verlag Berlin, ISBN 3-540-19475-4

Zu Kapitel 3:

K.-H. Rohe, D. Kampke, Digitalelektronik, Teubner Studienbücher Physik, ISBN 3-519-03077-2

G.Schaller, W.Nüchel, Digitale Schaltkreise, Teubner Studienskripten Elektrotechnik, ISBN 3-519-00051-2

H.Germer, N.Wefers, Meßelektronik, Band 2: Digitale Signalverarbeitung, Mikrocomputer, Meßsysteme. Hüthig Verlag Heidelberg, ISBN 3-7785-1065-7

H.Lohninger, Angewandte Mikroelektronik, IWT-Verlag, ISBN 3-88322-

8 Literaturhinweise

283-6
H.Zander, Datenwandler, Vogel -Buchverlag Würzburg, ISBN 3-8023-0801-8

Zu Kapitel 4:
A.Schlachetzki, Halbleiter-Elektronik, Teubner Studienbücher, ISBN 3-519-03070-5
VLSI Handbook, Edited by Normann G. Einspruch, Academic Press, Inc. Orlando, ISBN 0.12.234100-7
Motorola Inc, MC68020, Prentice Hall, Inc., Englewood Cliffs, N.J., ISBN 0-13-566860-3
D.Bräuning, Wirkung hochenergetischer Strahlung auf Halbleiterbauelemente. Springer-Verlag Berlin. ISBN 3-540-50891-0
W.Hess, Digitale Filter, Teubner Studienbücher, ISBN 3-519-06121-X

Zu Kapitel 5:
W. von Rüden, Buses for High Energy Physics, in Proceedings 1986 CERN school of computing, CERN, Genf, RD/728 April 1987

Zu Kapitel 6:
A.S.Tannenbaum, Computer Networks, Prentice Hall International Edition, ISBN 0-13-166836-6

Zu Kapitel 7:
S.Cittolin, The UA1 VME Data Acquisition System, in Proceedings 1986 CERN school of computing, CERN, Genf, RD/728 April 1987
W.J.Haynes, Microprocessor Based Data Acquisition Systems for HERA Experiments, in Proceedings 1989 CERN school of computing, CERN, Genf, RD/802 April 1987

9 Glossar

Einer Anregung von Studenten folgend, sollen in diesem Kapitel einige Abkürzungen und Begriffe kurz erklärt werden. Für weitere Informationen zu diesen Begriffen sei auf den Text des Buches mit Hilfe des Index in Kapitel 10 verwiesen.

ADA	Programmiersprache mit großem Anweisungsumfang
ADC	Analog-Digital-Wandler
Adresse	Bezeichner für die Identifikation eines Datenworts
ALU	Arithmetisch-logische Einheit
ANSI	amerikanisches nationales Standardisierungsinstitut
Arbiter	Einheit auf Bus, die den Bus bei Anforderung zuteilt
Arpanet	Amerikanisches Wissenschaftsnetz, heute Internet genannt
ASIC	Anwendungspezifischer integrierter Schaltkreis
Backplane	Beim Bussystem fest eingebaute Verbindungsleitungen
BiCMOS	Hybridtechnik mit unipolaren und bipolaren FETs
Bus	Gemeinsam benutzte Verbindung mehrerer Komponenten
Cache	Schneller Zwischenspeicher
CAMAC	Weitverbreitetes Bussystem, speziell in der Kernphysik
CISC	Computer mit umfassendem Befehlssatz
CMOS	moderne Halbleitertechnologie
Compiler	Übersetzer aus Programmiersprache in Maschinensprache
Controller	Steuereinheit
CPU	Zentraleinheit eines Computers
Crate	Rahmen für Module, oft mit Stromversorgung und einer Backplane
DAC	Digital-Analog-Wandler
DSP	Digitaler Signalprozessor
ECL	schnelle bipolare Halbleitertechnologie
EEPLD	elektrisch löschbarer programmierbarer Logikbaustein
EEROM	elektrisch löschbarer programmierbarer Nurlesespeicher
EPLD	mit UV-Licht löschbarer programmierbarer Logikbaustein
EPROM	mit UV-Licht löschbarer programmierbarer Nurlesespeicher
Ethernet	busförmiges Netzwerk mit 10 Mbit/s
FADC	*Flash ACD*, schnellstes AD-Wandlungsprinzip
Fastbus	schnelles Datenerfassungssystem, speziell in Teilchenphysik
FDDI	ringförmiges Netzwerk mit 100 Mbit/s

9. Glossar

FIFO	Speicherart *first in first out*
FORTRAN	sequentielle höhere Programmiersprache
Futurebus+	standardisiertes Bussystem für die 90er Jahre
Gastrechner	Rechner, für die Wirtsrechner zentrale Aufgaben übernehmen
Gateway	Verbindungskomponente zwischen verschiedenen Netzen
IEC	internationale elektrotechnische Kommission
IEEE	Institut der Elektrik - und Elektronikingenieure
Internet	Zuerst im Arpanet eingesetztes Netzwerkprotokoll
Interrupt	Unterbrechung eines Prozesses durch ein äußeres Signal
ISO	internationale Standardisierungsorganisation
HIPPI	schnelle Schnittstelle für Hochleistungsperipherie
Kernel	innerster Kernbereich eines Betriebssystems
LAN	Nahbereichsnetzwerk
LCA	programmierbares Gate Array mit vielen tausend Gattern
MAC	Multiplizier- und Addiereinheit eines Signalprozessors
Master	Einheit auf Bus, die Aufträge erteilen kann
MMU	Speicherverwaltungseinheit
multiplex	mehrfache Benutzung des Kanals durch zeitliche Aufteilung
MXI	Busstandard zur Verbindung von VXI- und VME-Bussen
MOS-FET	Feldeffekttransistor in Metal-Oxid-Technik
NIM	Elektroniknorm für kerntechnische Anwendungen
NMOS	MOS-FET mit n-dotiertem Kanal
OCCAM	parallele Programmiersprache, speziell für Transputer
OS 9	Betriebssystem für VME-Rechner
Pipeline	kontinuierlicher Fluß von Daten
PLD	programmierbarer Logikbaustein
PMOS	MOS-FET mit p-dotiertem Kanal
POSIX	Standard für offene Betriebssysteme
Priorität	Parameter, der die Reihenfolge anliegender Aufträge festlegt
Programm	Menge von Anweisungen, die einen Auftrag erfüllen soll
PROM	einmal programmierbarer Nurlesespeicher
RAM	Schreib- und Lesespeicher mit wahlfreiem Zugang
Repeater	Verbindung zweier Netze auf der physikalischen Ebene
RISC	Prozessor mit reduziertem Befehlssatz
ROM	Nurlesespeicher
Router	verbindet Subnetzwerke in einem Gesamtnetz
Run	Satz unter konstanten Bedingungen genommener Daten
SCSI	weitverbreiteter Peripheriebus für kleinere Computer

9. Glossar

SCI	Zukünftige Höchstgeschwindigkeitsschnittstelle
Slave	Einheit auf Bus, die Aufträge empfängt
Stretcher	Elektronikschaltung, die die Zeitdauer von Signalen streckt
TAC	Zeit-Analog-Wandler
TCP/IP	auf dem Internet basierendes Protokoll mit Quittierung
TDC	Zeit-Digital-Wandler
Transputer	RISC-Prozessor mit eingebauten schnellen Verbindungen
Trigger	Auslöse eines Ereignisses
TTL	Transistor-Transistor-Logik, bipolare Technik
UDP/IP	auf dem Internet basierendes Protokoll ohne Quittierung
UNIX	Familie verwandter Betriebssysteme
VM	Betriebssystem für Großrechner
VME	verbreitetes Bussystem mit großem Einsatzbereich
VMS	Betriebssystem für VAX- und ALPHArechner
VMS-Bus	Serieller Zusatzbus zum VME-Bus
VMX	zusätzlicher paralleler Bus für VME
VSE	zusätzlicher paralleler Bus für VME
VXI	VME-Erweiterung für Meßdatenerfassung
WAN	Weitverkehrsdatennetz
Wirtsrechner	Rechner, der für andere zentrale Ressourcen bereitstellt

10 Stichwortverzeichnis

Abklingeffekte im Detektor 30
Abklingzeit 16
Abschwächer 39
Absenderadresse 116
Abtastrate 60
ADA 67
ADC 22, 23, 24, 26, 77, 85
ADC mit sukzessiver Approximation 25
ADCs 19
Addition 52
Adreßbreite 89
Adresse 47
Adreßleitung 47, 70
Akkumulator 52
ALU 50
Amplitudendiskriminator 28
Amplitudendiskriminator 17, 19
Analog-Digital-Wandler 22
Analogelektronik 60
Analyse 78, 87
Anschlußbelegung 55
Antwortzeit 114
Anwendungssoftware 78
Application Layer 107
Arbiter 71, 90, 91, 93
Area 123
Area Router 123
arithmetisch-logische Einheit 50
ARPA 119
ASCI 106, 108
ASIC 69
asynchron 71, 72
Audiotechnik 25
Ausgabekanal 70
Auslesecomputer 46
Auslesezeit 49
Auslösemechanismen 17
äußere Einflüsse 12
Backplane 70
Bandbreite 109
Befehlsregister 51

Befehlssatz 82
Benutzerprogramm 107
Bestrahlung 41
Betriebsspannungen 19
Betriebssystem 66, 94, 124
BiCMOS 41
Bildschirm 33, 34
Binärzahl 22
bipolar 35
Bitdarstellung 107
Bitschiebeoperation 61
Blocktransfer 97
Bootsoftware 43
Branch Highway 82
Branchtreiber 82
Bridge 104
Broadcastadresse 110
Brücke 104, 113
Brummen 29
Bus 70
Bus Arbitration 56
Busanforderung 56
Busprotokoll 55
Busreservierung 70
Bussystem 33
Cache-Speicher 45, 46, 65
CAMAC 80, 88, 92, 126
CAMAC-Befehlswort 83
CAMAC-Modul 82
Carrier 109
Cheapernet 111
CHIPS 98
CISC 53
CMOS 41
Collision Detection 109
Compiler 53
Controller 74, 110
CPU 50, 70
Crate 39, 80, 96
Crate Controller 82
CSMA/CD 107

Cycle Redundancy Check 111
DAC 60, 77
Data Link Layer 103, 119
Daten 10, 12, 43
Datenerfassung 125
Datenauslese 61
Datenbreite 89
Datenbus 53, 70
Datenerfassungsumgebung 71
Datenerfassung 11, 96
Datenerfassungssystem 12, 65
Datenerfassungsumgebung 70, 113
Datenleitung 47
Datenrate 31, 76, 118
Datentransport 102
Datenwort 47
DECnet 123
Detektorcomputer 129
Dialogkontrolle 106
Differentiator 15
Differenzverstärker 14
Digital-Analog-Wandler 21
Digitalisierung 23
Digitaloszilloskop 34
Digitalvoltmeter 9
direct mode 9, 18
direkter Speicherzugriff 111
Diskriminatorschwelle 32
Diskriminator 24, 26, 39, 85
Diskriminatoren 17
Diskriminatorschwelle 17
DMA 111
Driver 66
Druck 14
DSP 59
Dual Slope Prinzip 23
duplex 103
Durchsatz 109
Dynamisches RAM 45
EBCDIC 106
ECL 39, 96
ECL-Transistor 37
EEPLD 69
EEROM 44
Eichmessung 22

Eichung 22, 33
Eingabekanal 70
Eingangsspannungsdrift 14
Einkanaldiskriminator 18
Einloggen 106
Endknoten 123
EPLD 69
EPROM 44
Ereignis 10
Ereignisbilder 129
Ethernet 98, 107, 109, 119
Ethernet Switch 113
Ethernetpaket 110
Experiment 12
Experimentierhalle 70
FADC 25, 60
Fastbus 72, 88, 92, 95, 128
FDDI 118
Fehlerbehandlung 104
Fehlerrate 43
Fehlkontakt 70
Feldeffekttransistor 39
Fertigungsstraße 116
Festwertspeicher 43
Fiber Distributed Data Interface FDDI 118
FIFO 45, 46
Filetransfer 106
Filter 59
Firmware 43
Flachbandkabel 70
Flash-ADC 25, 34, 132
Fließkommaeinheit 57
Flip-Flop 44, 85
FORTRAN 67, 85
Fourierentwicklung 60
Fouriertransformation 59
Fragmentierung 64
Futurebus+ 79
GaAs 35
Gastrechner 124
Gate 40
Gate Array 48, 69
Gateway 107
Gegenkopplung 15
Glasfaser 70, 102, 103, 118

10 Stichwortverzeichnis

Glasfasern 111
GPIB 87, 94
halb duplex 103
Halbleiterschalter 19
Hallsonden 14
Hardwareadresse 110
Hardwarelogik 48
Hauptverstärker 31
Hausnetz 113
heterogene Netzwerke 105
HIPPI 77
HIPPI-Switch 77
Hochenergiephysik 125
Hochpaß 59
Hosts 119
HPIB 87
IEC 625 87
IEEE 1003 67
IEEE 488 87
IEEE 583 80
IEEE 802.3 109
IEEE 802.4 115
IEEE 802.5 116
IEEE 802.6 118
IEEE 896 79
IEEE P1014 89
IEEE1394 100
Impedanz 39
Impulsdehner 20
Impulsformung 16
Inputregister 85
Integrationszeit 33
Integrator 15
Intensitätsmessung 14
Internet 119, 120
Internetadresse 121
Interrupt 55, 63, 70, 89
interrupt handler 91
Kabellänge 72
Kalibrationsereignisse 22
Kalibrationsruns 22
Kanal 40
Kanaleffizienz 114
Kanalinhalte 33
Kanalwiderstand 40

Kanalzahl 22, 33
Kapazität 40
Kartenformat 89
Kartengröße 94
Kennlinie 26, 37
Kernel 94
Koaxialbus 116
Koaxialkabel 70, 102, 103, 111
Koinzidenzrate 32
Kollision 108, 111
Kollisionen 115
Kommunikationsleitung 33
Komparator 26
Konsistenz 65, 103
Kontrolleitung 70
Konversionszeit 24, 25
Konversionszeiten von Wandlern 30
Konzentrator 119
Kühlung 37
Labor 70
Labornetz 113
ladungsempfindliche Vorverstärker 15
LAN 107
langsam ändernde Parameter 12
Laser 118
LAT-Protokoll 124
Laufzeit 110
LCA-Chip 69
LED 118
Leerlaufverstärkung 15
Licht 14
linear gate 19, 24
Lineare Gatter 19, 39
Linearität 22, 23, 24
list mode 10, 14, 49
Liste 10
Logikentscheidung 47
logische Koinzidenz 31
logische Verknüpfungen 39
look up unit 48
MAC-Einheit 60
MacCC 128
Macintosh 64, 78, 85, 123, 128
MacVEE 128
Magnetfelder 14

Makrobefehl 51
Manchesterkodierung 107, 117
Maschinenbefehl 51
Master 71, 89, 91, 96, 97, 130
MC68020 55
MC680x0 89, 94
Mehrcratesystem 80
mehrstufige Trigger 29
memory mapped 85
Meßdauer 23
Micron 85
Mikrobefehl 51
Mikroprogramm 51
Mikroprozessor 50
MMU 65
Momente 60
Monomodefaser 118
MOS-FET 40
Multibus 88
Multifunktionskarte 77
Multimodefaser 118
multiplex 47, 70, 124
Multiplexer 19
Multiportrepeater 111
MVS 106
MXI-Bus 94
Myontrigger 31
Nahbereichsnetzwerk 107
Network Layer 105, 119
nicht paralysierbarer Detektor 30
NIM 38
NMOS 40
OCCAM 57
offenes System 66
Operationsverstärker 14
Optokoppler 19
OS 9 43, 94
OSI 67, 102, 119
Outputregister 85
Paarleitungen 102
Packungsdichte 80
Paketgröße 114
Paketkontrollwort 116
parallele Busse 70
Parallelrechner 57

paralysierbar 62
paralysierbarer Detektor 30
PC 78
Pedestal 22, 33
Photodiode 14
Photovervielfacher 14
Photovervielfacher 15, 31
Physical Layer 103, 119
physikalische Adresse 64
Piezokristalle 14
Pile up 16
Pipeline 97, 132
PLD 69
PMOS 40
Polling 62
Port 29
Portierbarkeit 66
POSIX 67
Präzision 94
Presentation Layer 106
Priorität 89, 91, 114, 115, 119
Programmcode 46
Produktionsumgebung 115
Programm 43
Programmsprünge 51
Programmgröße 64
Programmschleife 46
Programmspeicher 50
Programmzähler 51
PROM 44
Protokoll 72, 102, 119
Prozeßüberwachung 14
PS/2 78
Pufferspeicher 128
Pulser 39
Pulshöhenspektrum 33
Punkt- zu Punkt-Verbindung 116
Q-Bus 78, 82
Quellcode 66
Quittierung 71, 97, 104
R-2R-Netzwerk 21
RAM 44
RAM Box 48
Rauschen 17, 29
Rauschunterdrückung 103

10 Stichwortverzeichnis

RC-Hochpaß 16
RC-Tiefpaß 16
Redundanz 103
Register 45, 50, 55
Repeater 103, 110
RG58-Kabel 111
Ringschnittstelle 117
RISC 53, 54, 89, 94
ROM 43
Router 105, 123
routing 105
Routingprotokoll 106
RS 232 88
RS 422 88
RS-Flip-Flop 24
Ruhestrom 41
Run 13
Run -Kopfteil 13
Run -Parameterteil 13
Run -Schlußteil 13
Rundung 10, 61
Sägezahn-ADC 23
Sättigungsbetrieb 35
Satz äußerer Parameter 12
scalable coherent interface 98
Schalter 19
Schieberegister 45
Schiedsspruch 56
schnelle Logikentscheidung 38
Schreib-Lesespeicher (RAM) 44
SCI 98
SCPI 88
SCSI 71, 88, 98
SCSI-Cluster 75
Segment 96
Segment Interconnect 128
Serialbus 100
Serviceklasse 104
Session 106
Session Layer 106
Signal-/Rauschabstand 29
Signalformung 59
Signalprozessor 48, 59, 78, 130
Signaltransformation 59
Signalverstärkung 59, 103

Silizium 35
simplex 103
Slave 71, 97
Slot 39
Software 48, 60, 61, 66, 78, 88
Softwareadresse 110
Speicher 43, 70
Speicherverwaltungseinheit 65
Speicheradressierung 46
Speicherauffrischung 47
Speicherkondensator 24
Spektroskopieverstärker 16
Stack 46
Stapel 46, 51
Stapelzeiger 51
Startpuls 28
Statisches RAM 44
Steckerbelegung 103
Steckverbindung 70
Steuereinheit 50
Stoppuls 28
Störung 113
Strahlung 41
Stretcher 20
Stromschalter 37
Subadresse 82
Sukzessives Approximationsregister 25
Switch 100
synchron 46, 71, 72, 108, 119
Synchronisation 106, 108, 110, 116
System Controller Board 90
Systemcrate 82
TAC 28
Taktzyklus 53
TCP 122
TDC 28, 77
Terminalserver 124
Terminierung 72
Thinwire 111
Tiefpaß 59
Time Amplitude Converter 28
Timing 31
Token 114, 116
Token Bus 115
Token Ring 116

Totzeit 30, 46, 62, 104, 122
TPC 27
Trägerfrequenz 109
Trägersignal 111
Transceiver 111
Transientenrecorder 34, 78
Transistor 15, 35, 37
Transistorschalter 35
Transmission Control Protocol 122
Transport Layer 106, 121
Transputer 57, 132
Treiber 29, 66, 78
Trigger 11, 28, 125, 133
TTL 39
TTL-Technik 35
UA1 92
Überwachungssysteme 19
UDP 122
Umsetzer 29
Und/Oder-Zelle 69
UNIX 67, 94, 123
Unterbrechung 55
Unterprogramm 51
User Datagram Protocol 122
VAX 97, 128
Vergleich von Signalen 59
Verkehrsweg 105
Verknüpfung von Signalen 59
Verstärker 14, 39, 85
Verzögerungen durch die Datenauslese 30
Verzögerungsmodul 39
VIC-Bus 93
Videosignal 27
Vielkanalanalysator 33, 78
virtuelle Adresse 65
virtuelle Speicherverwaltung 65
VM 106
VME 43, 55, 72, 89, 96, 98, 125, 127, 130
VME64 93
VMS 65, 97, 123
VMX 92, 127
Vorverstärker 16, 31
VSE 92
VXI 93
Wahrscheinlichkeitsverteilung 33

wahre Rate 30
WAN 107
Weitverkehrsnetzwerk 107
Widerstandsnetzwerk 15
Wilkinson-ADC 23
Wirtsrechner 61, 78, 94, 124
x-y-Schreiber 9
XOR 52
Zähler 9, 39
Zählrate 16
Zeit-Digitalwandler 28
Zeit-Projektionskammern 27
Zentraleinheit 50
ZEUS 133
Zieladresse 116
zufällige Zählrate 32
Zugriffszeit 44, 65
Zweidrahtleitung 70
Zweidrahtleitung 111, 117

Teubner Studienbücher

Physik

Mayer-Kuckuk: **Atomphysik.** 3. Aufl. DM 34,–

Mayer-Kuckuk: **Kernphysik.** 5. Aufl. DM 42,–

Mommsen: **Archäometrie.** DM 38,–

Neuert: **Atomare Stoßprozesse.** DM 28,80

Nolting: **Quantentheorie des Magnetismus**
Teil 1: Grundlagen, DM 38,–
Teil 2: Modelle, DM 38,–

Raeder u. a.: **Kontrollierte Kernfusion.** DM 42,–

Renk: **Meßdatenerfassung in der Kern- und Teilchenphysik.** DM 24,80

Rohe: **Elektronik für Physiker.** 3. Aufl. DM 29,80

Rohe/Kamke: **Digitalelektronik.** DM 28,80

Schatz/Weidinger: **Nukleare Festkörperphysik.** 2. Aufl. DM 34,80

Schlachetzki: **Halbleiter-Elektronik.** DM 44,80

Schmidt: **Meßelektronik in der Kernphysik.** DM 28,80

Spatschek: **Theoretische Plasmaphysik.** DM 44,80

Theis: **Grundzüge der Quantentheorie.** DM 34,–

Walcher: **Praktikum der Physik.** 6. Aufl. DM 38,–

Wegener: **Physik für Hochschulanfänger.** 3. Aufl. DM 48,–

Wiesemann: **Einführung in die Gaselektronik.** DM 34,–

Wille: **Physik der Teilchenbeschleuniger und Synchrotronstrahlungsquellen.** DM 34,80

Preisänderungen vorbehalten.

B. G. Teubner Stuttgart

MIX
Papier aus verantwortungsvollen Quellen
Paper from responsible sources
FSC® C105338

If you have any concerns about our products,
you can contact us on
ProductSafety@springernature.com

In case Publisher is established outside the EU,
the EU authorized representative is:
**Springer Nature Customer Service Center GmbH
Europaplatz 3, 69115 Heidelberg, Germany**

Printed by Libri Plureos GmbH
in Hamburg, Germany